天绘一号卫星工程及应用

TH-1 Satellite Engineering and Application

胡 莘 编著

测绘出版社

·北京·

内容提要

本书根据天绘一号卫星的工程设计、建设及影像应用撰写而成,全书共分14章。第1至3章阐述了卫星摄影测量的作用及国内外发展状况、天绘一号卫星无地面控制点摄影测量的理论和关键技术,以及天绘一号卫星工程总体概况;第4章介绍了天绘一号卫星系统及有效载荷的设计;第5至11章描述了天绘一号卫星地面应用系统及其生产技术流程的设计与实现;第12至14章论述了天绘一号卫星在轨测试内容及方法、影像产品分类及组织形式、影像在测绘遥感等方面的应用。

本书可供从事对地观测卫星、测绘遥感应用、航天器飞行设计等学科领域的科研人员、工程技术人员,以及院校师生学习和参考。

图书在版编目(CIP)数据

天绘一号卫星工程及应用/胡莘编著. —北京:测绘出版社,2014.12
ISBN 978-7-5030-3618-7

Ⅰ.①天… Ⅱ.①胡… Ⅲ.①高分辨率—卫星遥感—研究—中国 Ⅳ.①V474.2

中国版本图书馆CIP数据核字(2014)第312294号

责任编辑 吴 芸 **封面设计** 李 伟 **责任校对** 董玉珍 **责任印制** 喻 迅

出版发行	测绘出版社	**电 话**	010—83543956(发行部)
地 址	北京市西城区三里河路50号		010—68531609(门市部)
邮政编码	100045		010—68531363(编辑部)
电子信箱	smp@sinomaps.com	**网 址**	www.chinasmp.com
印 刷	三河市世纪兴源印刷有限公司	**经 销**	新华书店
成品规格	169mm×239mm		
印 张	9	**字 数**	175千字
版 次	2014年12月第1版	**印 次**	2014年12月第1次印刷
印 数	0001—1200	**定 价**	32.00元

书 号 ISBN 978-7-5030-3618-7/P·784
本书如有印装质量问题,请与我社门市部联系调换。

序

卫星摄影测量是人类获取地球空间信息的重要手段，也是解决全球无图区或困难地区测绘的有效途径，在国民经济和建设中发挥了重要的作用。当今世界上不发达地区约有90%属于无图区，全球有1∶5万比例尺地形图的地区也只占约50%。对于困难地区的地形测绘，无地面控制点摄影测量是十分有效的手段。

无地面控制点条件下，测制1∶5万比例尺地形图最大的难点是水平位置精度和垂直高程精度指标的实现。在使用高精度GPS接收机的条件下，其精度主要取决于星敏测姿系统的高频和低频误差，高频误差主要影响高程精度，低频误差主要影响水平位置精度。但在工程实现方面，要达到1∶5万的制图精度要求，尤其是高程中误差小于等于6 m(1σ)难度较大，即使是技术很发达的国家也经历了相当艰难的研发过程。在我国卫星工程现有的技术水平下，为了实现无地面控制点条件下高精度定位，必须依靠摄影测量理论的创新才能实现。

2010年8月24日成功发射的我国第一颗传输型立体测绘遥感卫星——天绘一号“全球连续覆盖”卫星，旨在向境内、外用户提供幅宽60 km的2 m分辨率全色影像、5 m分辨率三线阵CCD立体影像以及10 m分辨率4个谱段的影像资料，其摄影测量目标是实现无地面控制点条件下测制1∶5万比例尺地形图的精度要求。天绘一号卫星地面测绘处理系统攻克了多项关键技术，提出并实现了基于LMCCD影像的EFP光束法平差用于相机参数在轨标定的理论，形成了集全三线交会光束法平差、偏流角余差改正及低频误差补偿为一体的EFP多功能光束法平差方法，采取了不依靠地面控制点、自动检测外方位角元素系统误差功能的独特途径，解决了无地面控制条件下高精度定位难题，并保证了全球定位精度的一致性。01星运行四年、02星运行两年以来，相关单位组织了海内外定位精度全面检测，其精度满足测制1∶5万比例尺(等高距20 m)地形图的精度要求。

中国以自身的空间技术研发了天绘一号，并成功地进行了光学卫星影像摄影测量实验研究，无地面控制点目标定位精度与美国SRTM精度相当，实现了美国Stereosat、Mapsat、OIS和德国MOMS等光学卫星摄影测量系统(学术思想或工程)期望实现而没有实现的工程目标。

《天绘一号卫星工程及应用》一书，从卫星系统、有效载荷、地面测绘处理系统到卫星在轨测试，总体介绍了卫星概况，系统阐述了地面测绘处理中各系统的设计及生产技术流程，对于后续卫星工程的设计及地面处理系统的建设具有重要借鉴和指导作用。胡莘同志一直从事卫星摄影测量的工程和理论研究，在我国传输型测绘卫星的发展历程中发挥了重要作用；乐于为其著作序。

王任享

前 言

天绘一号卫星是我国第一颗传输型立体测绘卫星，以光学三线阵 LMCCD 立体测绘相机、高分辨率相机、多光谱相机等为有效载荷，采用太阳同步圆轨道，获取全球范围内 5 m 立体、10 m 多光谱和 2 m 分辨率影像信息，实现地物地快速、精确三维定位，生成和更新地理空间信息，完成全球基础测绘，为国防和国民经济建设提供地理空间信息保障。

天绘一号卫星工程立足我国航天技术，充分吸收国外航天测绘先进的设计理念，充分挖掘地面数据处理潜力，研究提出了 LMCCD 立体测绘相机体制、等效框幅像片多功能光束法平差理论和方法、摄影测量相机参数的在轨标定方法，形成了一整套完整的三线阵航天摄影测量技术体系，实现了无地面控制点的卫星高精度摄影定位。

天绘一号卫星工程地面系统作为我国第一代传输型立体测绘卫星地面应用系统，除了具备典型遥感成像卫星地面应用系统的能力，可实现卫星任务规划、数据接收、数据预处理和数据管理服务外；还具有突出的测绘应用特点，通过完成高精度卫星平台定位、高精度传感器定姿、摄影参数与影像特性的在轨检测、三线阵影像的空中三角测量平差计算，实现了无地面控制点条件下 1∶5 万比例尺数字高程模型、数字正射影像图和数字地形图等产品的制作，以及 1∶2.5 万比例尺地物判绘和地形图的修测。

天绘一号 01 星、02 星分别于 2010 年 8 月 24 日和 2012 年 5 月 6 日成功发射，获得了大量 0 级、1A 级、1B 级、2 级、3A 级和 3B 级卫星影像产品，主要用于测绘和修测地形图、制作正射影像图和各种专题图，同时也在国土资源调查、环境监测、农业、林业及交通等诸多领域发挥了重大作用。

本书介绍天绘一号卫星工程的基本任务要求、设计建设特点和影像应用情况，系统总结作者在天绘一号卫星工程建设中取得的研究成果。全书共分 14 章：第 1 章阐述卫星摄影测量的基本概念和国内外相关研究的主要进展；第 2 章阐述天绘一号卫星实现无地面控制点摄影测量的基本理论和关键技术；第 3 章描述天绘一号卫星工程的总体概况；第 4 章介绍天绘一号卫星系统及有效载荷的设计；第 5 章介绍天绘一号卫星地面应用系统的设计；第 6 章至第 11 章分别介绍天绘一号卫星地面应用系统中任务规划、数据接收、数据预处理、数据管理服务、控制定位与测图、摄影测量参数与影像特性检测等系统的设计与实现；第 12 章介绍天绘一号卫星在轨测试的内容和方法；第 13 章介绍天绘一号卫星影像产品的分级分类和组织形式；第 14 章介绍天绘一号卫星影像在测绘遥感方面的几种典型应用。

本书的撰写得到了东方红卫星公司、中国科学院长春光学精密机械与物理研究所以及地面应用系统诸位同仁的帮助，在此一并表示感谢！

由于作者水平有限，书中如有不妥之处，敬请批评指正。

目　录

第1章　卫星摄影测量发展……………………………… 1

§1.1　概　述 ……………………………………… 1

§1.2　国外摄影测量卫星的发展现状 ………………… 2

§1.3　国内摄影测量卫星的发射情况 ……………… 10

§1.4　卫星摄影测量的作用 ………………………… 11

第2章　无地面控制点摄影测量 ……………………… 12

§2.1　概　述……………………………………… 12

§2.2　LMCCD立体测绘相机 ……………………… 13

§2.3　EFP多功能光束法平差……………………… 13

§2.4　测绘相机参数在轨标定 ……………………… 14

第3章　天绘一号卫星工程总体概述 ………………… 15

§3.1　基本任务及要求……………………………… 15

§3.2　工程特点 …………………………………… 16

§3.3　功能与组成…………………………………… 17

§3.4　工程实践 …………………………………… 18

第4章　卫星系统总体设计 …………………………… 20

§4.1　概　述……………………………………… 20

§4.2　总体方案设计 ……………………………… 21

第5章　地面系统总体设计 …………………………… 24

§5.1　概　述……………………………………… 24

§5.2　系统的功能与组成…………………………… 24

§5.3　系统的技术流程 …………………………… 26

第6章　任务规划 …………………………………… 33

§6.1　概　述……………………………………… 33

§6.2　计划管理 …………………………………… 34

§6.3 有效载荷管理 …… 35
§6.4 指挥调度与监控 …… 37
§6.5 基础支撑 …… 39

第7章 数据接收 …… 42
§7.1 概　述 …… 42
§7.2 数据接收中心 …… 42
§7.3 数据接收站 …… 44

第8章 数据预处理 …… 47
§8.1 概　述 …… 47
§8.2 业务与数据管理 …… 48
§8.3 日常生产 …… 50
§8.4 订单生产 …… 52
§8.5 质量评价 …… 54
§8.6 系统监控 …… 54
§8.7 系统信息管理 …… 56

第9章 数据管理服务 …… 58
§9.1 概　述 …… 58
§9.2 网络结构设计 …… 59
§9.3 系统管理 …… 60
§9.4 数据存档管理 …… 62
§9.5 数据查询 …… 66
§9.6 产品服务 …… 70

第10章 控制定位与测图 …… 74
§10.1 概　述 …… 74
§10.2 业务管理 …… 74
§10.3 精密定轨定姿 …… 77
§10.4 空中三角测量光束法平差 …… 80
§10.5 卫星影像增值产品制作 …… 82
§10.6 数字测图 …… 84

第 11 章　摄影参数与影像特性检测…………………………………… 91
§11.1　概　述 …………………………………………………… 91
§11.2　任务管理 ………………………………………………… 91
§11.3　数据管理 ………………………………………………… 93
§11.4　信息采集 ………………………………………………… 94
§11.5　数据处理 ………………………………………………… 97

第 12 章　卫星在轨测试 …………………………………………… 102
§12.1　在轨测试的内容和方法 ………………………………… 102
§12.2　在轨测试的步骤 ………………………………………… 111

第 13 章　卫星数据产品 …………………………………………… 123
§13.1　卫星数据 ………………………………………………… 123
§13.2　卫星影像产品组成与分类 ……………………………… 123

第 14 章　卫星影像数据应用 ……………………………………… 127
§14.1　测绘应用 ………………………………………………… 127
§14.2　其他领域应用 …………………………………………… 129
§14.3　应用前景 ………………………………………………… 132

参考书目…………………………………………………………… 134

Contents

Chapter 1 Development of Satellite Photogrammetry ···················· 1
§ 1.1 Overview ···················· 1
§ 1.2 Present Situation of Foreign Photogrammetric Satellites ···················· 2
§ 1.3 Launches of Domestic Photogrammetric Satellites ···················· 10
§ 1.4 Roles of Satellite Photogrammetry ···················· 11

Chapter 2 Photogrammetry without Ground Control Points ···················· 12
§ 2.1 Overview ···················· 12
§ 2.2 LMCCD Stereo Mapping Camera ···················· 13
§ 2.3 EFP Multi-functional Bundle Adjustment ···················· 13
§ 2.4 In-orbit Calibration of Mapping Camera Parameters ···················· 14

Chapter 3 Overview of TH-1 Satellite Engineering ···················· 15
§ 3.1 Basic Tasks and Requirements ···················· 15
§ 3.2 Engineering Characteristics ···················· 16
§ 3.3 Function and Components ···················· 17
§ 3.4 Engineering Practice ···················· 18

Chapter 4 Design of Satellite System ···················· 20
§ 4.1 Overview ···················· 20
§ 4.2 Overall Scheme Design ···················· 21

Chapter 5 Design of Ground System ···················· 24
§ 5.1 Overview ···················· 24
§ 5.2 Function and Components ···················· 24
§ 5.3 Technical Process ···················· 26

Chapter 6 Mission Planning ···················· 33
§ 6.1 Overview ···················· 33
§ 6.2 Plan Management ···················· 34

§ 6.3 Payload Management ········ 35
§ 6.4 Commanding and Monitoring ········ 37
§ 6.5 Foundation Support ········ 39

Chapter 7 Data Receiving ········ 42
§ 7.1 Overview ········ 42
§ 7.2 Data Receiving Center ········ 42
§ 7.3 Data Receiving Station ········ 44

Chapter 8 Data Pre-processing ········ 47
§ 8.1 Overview ········ 47
§ 8.2 Business and Data Management ········ 48
§ 8.3 Daily Production ········ 50
§ 8.4 Order Production ········ 52
§ 8.5 Quality Evaluation ········ 54
§ 8.6 System Monitoring ········ 54
§ 8.7 System Information Management ········ 56

Chapter 9 Data Management Service ········ 58
§ 9.1 Overview ········ 58
§ 9.2 Network Structure Design ········ 59
§ 9.3 System Management ········ 60
§ 9.4 Data Archiving Management ········ 62
§ 9.5 Data Query ········ 66
§ 9.6 Product Service ········ 70

Chapter 10 Controlled Positioning and Mapping ········ 74
§ 10.1 Overview ········ 74
§ 10.2 Business Management ········ 74
§ 10.3 Precise Orbit Position and Attitude Determination ········ 77
§ 10.4 Aerial Triangulation Bundle Adjustment ········ 80
§ 10.5 Production of Value-added Satellite Imagery Product ········ 82
§ 10.6 Digital Mapping ········ 84

Chapter 11 Photographic Parameter and Image Feature Detection …… 91
§ 11.1 Overview …… 91
§ 11.2 Mission Management …… 91
§ 11.3 Data Management …… 93
§ 11.4 Information Collection …… 94
§ 11.5 Data Processing …… 97

Chapter 12 Satellite In-orbit Testing …… 102
§ 12.1 Contents and Methods …… 102
§ 12.2 Procedure …… 111

Chapter 13 Satellite Data Product …… 123
§ 13.1 Satellite Data …… 123
§ 13.2 Component and Classification of Satellite Imagery Products …… 123

Chapter 14 Satellite Image Data Application …… 127
§ 14.1 Application in Surveying and Mapping …… 127
§ 14.2 Application in Other Fields …… 129
§ 14.3 Application Prospects …… 132

References …… 134

第1章　卫星摄影测量发展

§1.1　概　述

人造地球卫星上天开创了空间科学研究和技术应用的新局面。自 1957 年苏联成功发射人类首颗人造地球卫星以来，它在空间探测、资源调查、通信、导航、气象、环境监测、测绘和军事侦察等领域获得了广泛的应用。

卫星摄影测量是以人造地球卫星、宇宙飞船和航天飞机等航天器作为运载工具，用各类传感器在轨道空间对地球或其他行星进行遥感，利用获取的信息进行地面控制定位和测制(或修测)地图的技术活动。卫星摄影测量技术涉及卫星平台、摄影传感器、卫星摄影定位和卫星影像测图等技术环节。

摄影测量卫星平台是实施卫星摄影测量的基础，与一般遥感卫星相比，在卫星平台稳定度、卫星姿态控制与确定精度、卫星定轨精度、星上时间同步精度以及系统安装与几何标定精度等方面都具有很高要求，确保实现高精度地理定位。

摄影传感器是卫星完成对地球或其他行星摄影的主要载荷。摄影传感器种类很多，按传感器有无发射电磁波能力可分为主动式和被动式传感器；按照信息的获取方式可分为回收型和传输型传感器；按照图像成像特性可分为静态和动态传感器。目前，光学卫星摄影的主流传感器主要采用线阵固体扫描仪，其成像的收集系统是透镜，探测系统是电容耦合器件(chorse coupled device，CCD)，属于动态传感器，包括三线阵、两线阵、单线阵三种摄影方式。天绘一号卫星采用三线阵 CCD 成像模式，即由具有一定交会角的前视、正视和后视线阵 CCD 构成的相机系统，推扫完成摄影成像。

利用卫星摄影进行测绘是卫星摄影测量的关键技术，其原理是利用航天器轨道的运行规律，将航天器作为空间流动摄影站，由地相机、星敏感器(或星相机)、GPS(或 BD)接收机和时钟组成的摄影与测量系统。根据地面系统指令，按照时间序列，对地面摄影，完成地面区域的立体影像覆盖；对星空摄影，确定卫星姿态；采集卫星轨道位置信息，计算卫星摄站坐标，然后将对地摄影影像按照摄影测量原理，确定地物点的地面坐标。主要涉及卫星精密定轨、精密定姿、高精度在轨摄影参数标定、影像空中三角测量等技术与方法。主要测绘产品包括数字高程模型(DEM)、数字影像图(DOM)、数字线划图(DLG)等各类专题应用产品。

卫星摄影测量技术与遥感技术有着极其紧密的关系，两者在信息获取方面基本相同，只是在影像处理精度要求和影像应用方面有所区别。通常卫星遥感技术对卫星影像的辐射特性较为关注，尤其是影像的分辨率，主要应用影像的物理特性，提取景物信息进行各种专业的判读与解译。而卫星摄影测量主要关心影像几何信息的量测与表达精度，即提取影像目标的形状、大小和位置的几何空间信息，对地物进行定位与测图。但是随着科学技术的发展和应用的广泛深入，上述差别正在逐步缩小。两者互为补充，相互促进，是技术发展的必然趋势。

§1.2 国外摄影测量卫星的发展现状

纵观国外摄影测量卫星发展，集成使用高分辨率 CCD 立体测绘相机、多光谱或高光谱成像仪、高精度定位或定姿设备(GPS、星敏感器、陀螺仪等)，通过三线阵、双线阵或单线阵 CCD 侧摆，形成立体像对，实现高精度立体测绘，已成为摄影测量卫星发展的主要方向。摄影测量卫星或可用于测绘的商业光学遥感卫星影像分辨率高达 0.41 m(美国，GeoEye-1)，甚至 0.1 m(美国，KH-12)，无地面控制点条件下图像地理定位平面精度优于 3 m，可测制 1∶5 万、1∶2.5 万、1∶1 万、1∶5 000 比例尺地形图。

1.2.1 美国

美国发展的摄影测量(遥感)卫星主要有“地球眼”(GeoEye)和“数字地球”(Digital Globe)商业遥感卫星公司发展的第一代高分辨率商业遥感卫星 IKONOS、QuickBird 和第二代高分辨率商业遥感卫星 GeoEye、WorldView 等。它们的主要任务是为军民用户提供高分辨率遥感影像并用于测绘制图和侦察监视，最大用户是美国国家地理空间情报局(NGA)。

1. IKONOS 卫星

IKONOS 卫星是美国空间成像(Space Imaging)公司(现为“地球眼”(GeoEye)商业遥感卫星公司)发展的第一代高分辨率商业遥感卫星。

IKONOS-2 卫星于 1999 年 9 月发射成功，为全球首颗提供优于 1 m 分辨率立体影像的商业光学遥感卫星。卫星轨道高度为 681 km，运行周期约 98 min，重访周期为 1～3 d；以光学敏感器系统(OSA)为有效载荷，采用三线阵立体成像系统，分别向下、向前和向后成像，具有沿轨和垂轨方向侧摆±30°的能力和立体测图能力；单景成像模式幅宽为 11.3 km×11.3 km，连续条带成像模式幅宽为 11.3 km×100 km，天底点全色影像分辨率为 0.82 m、多光谱影像分辨率为 3.28 m(共 4 个波段)；同时携带有星载 GPS 接收机和星敏感器，用于确定相机的外方位元素，无地面控制点条件下图像地理定位精度为 12 m。

2. QuickBird 卫星

QuickBird-2 卫星是美国“地球观测”(EarthView)公司(现为“数字地球”(DigitalGlobe)商业遥感卫星公司)发展的第一代高分辨率商业遥感卫星。

QuickBird-2 于 2001 年 10 月发射成功，运行在高度 450 km、倾角 98°的太阳同步轨道一，轨道周期为 93.4 min；2011 年 4 月，轨道高度提高到 482 km，在轨寿命延长至 2014 年。在标称轨道 450 km 的轨道高度上，天底点全色影像分辨率为 0.61 m、多光谱影像分辨率为 2.44 m，幅宽 16.5 km；侧摆±25°时，全色影像分辨率为 0.72 m，多光谱影像分辨率为 2.88 m；成像方式为本体旋转同步取样方式，传感器为推扫式线性 CCD，具有在沿轨和垂轨方向侧摆±30°的能力，最大侧摆角为±45°，具有立体测图能力，重访周期 3～7 d。该卫星携带有星载 GPS 接收机和星敏感器，用于确定相机的外方位元素，无地面控制点条件下图像地理定位精度为平面误差 23 m(CE90)。

3. GeoEye-1(OrbView-5)

GeoEye-1 卫星是美国“地球之眼”(GeoEye)商业遥感卫星公司发展的第二代高分辨率商业遥感卫星，是第一代 IKONOS 卫星的替换系统。

GeoEye-1 于 2008 年 9 月发射，运行在高度 681 km、倾角 98°的太阳同步轨道，轨道周期为 98 min，重访周期小于 3 d，卫星设计使用寿命 7 a；卫星全色影像分辨率为 0.41 m，4 谱段多光谱影像分辨率为 1.64 m，天底点标称成像幅宽为 15.2 km，卫星可沿轨和垂轨多种方向侧摆，最大能侧摆±60°成像。星上搭载 GPS 接收机、陀螺仪和恒星跟踪器，无地面控制点时，卫星单景图像的平面定位精度为 5 m，立体图像平面定位精度为 4 m，高程定位精度为 6 m。

4. WorldView 卫星

WorldView 系列卫星是美国“数字地球”(DigitalGlobe)商业遥感卫星公司发展的第二代高分辨率商业遥感卫星，是第一代 QuickBird-2 卫星的替换系统。

2007 年 9 月发射 WorldView-1 卫星，2009 年 10 月发射 WorldView-2 卫星，计划于 2014 年发射 WorldView-3 卫星。WorldView-2 卫星运行在高度 770 km、倾角 97.8°的太阳同步轨道，卫星设计寿命 7 a。天底点全色影像分辨率为 0.46 m、多光谱影像分辨率为 2.44 m，幅宽为 16.4 km；具有在沿轨和垂轨方向侧摆±40°的能力，具有立体测图能力，重访周期(1 m 分辨率)1.1 d，侧摆±20°(0.52 m分辨率)3.7 d。该卫星携带有星载 GPS 接收机和星敏感器，用于确定相机的外方位元素，无地面控制点条件下图像地理定位精度为 4.6 m，有控制点时为 2 m。

美国摄影测量(遥感)卫星的主要技术参数列于表 1.1。

表 1.1　美国摄影测量(遥感)卫星的主要参数

卫星		QuickBird-2	IKONOS-2	WorldView-2	GeoEye-I
发射日期		2001-10-18	1999-9-24	2009-10-8	2008-9-6
轨道高度/km		450	681	770	681
相机焦距/m		8.8	11.4	13.3	13.3
轨道倾角/(°)		98,太阳同步	98.1,太阳同步	97.8,太阳同步	98,太阳同步
卫星寿命/a		5	7	7	7
重访周期/d		3～7	3	1.1,3.7	≤3
扫描带宽/km		16.5	11.3	16.4	15.2
空间分辨率	全色/m	0.61	0.82	0.46	0.41
	多光谱/m	2.44	3.28	1.84	1.64
光谱范围	全色/nm	445～900	450～900	450～800	450～900
	蓝/nm	450～520	450～530	450～510	450～520
	绿/nm	520～600	520～610	510～580	520～600
	红/nm	630～690	640～720	630～690	600～695
	近红外/nm	760～900	760～860	770～895	760～900
立体成像方式		同轨或邻轨立体成像	同轨或邻轨立体成像	同轨或邻轨立体成像	同轨或邻轨立体成像
外方位元素设备		GPS+星敏感器	GPS+星敏感器	GPS+星敏感器	GPS+星敏感器
有地面控制定位精度	平面/m	2	2	2	
	高程/m	2	3		
无地面控制定位精度	平面/m	23	12	4.6	4
	高程/m	17	8		6

1.2.2　俄罗斯

俄罗斯摄影测量卫星的发展已有近 50 年的历史,系列卫星——“彗星”(Kometa)为返回式航天测绘系统,主要用于获取地球表面的高分辨率影像,测绘 1∶5 万比例尺地形图、修测 1∶2.5 万比例尺地形图。资源-DK(Resurs-DK)为民用高分辨率光学成像卫星,全色影像分辨率优于 1 m。

1. 彗星

Yantar-1KFT 为苏联(俄罗斯)发射的胶片返回式测绘卫星,国防部命名为“廓影”(Sliuet),正式投入使用后更名为“彗星”(Kometa),共发射 21 颗,最后一次发射时间为 2005 年 9 月。

星上设备主要包括 TK-350 主测绘相机、高分辨率的 KVR-1000 型相机和确定飞行期间相片外部定向参数的仪器、两台星相机、激光测距仪和其他导航设备,总胶片容量可供拍摄 1 000 万平方千米的地球表面。

TK-350 主测绘相机地面分辨率为 10 m,可绘制 1∶66 000 比例尺地图,相邻图像有 60%～80%重叠，以构成立体像对。KVR-1000 为高分辨率相机，地面分辨率 2 m，可提供地面目标的详细情况，有利于 TK-350 相机制图，也可以用于绘制 1∶5 万比例尺地形图。

2. 资源-DK

资源-DK(Resurs-DK)为民用高分辨率光学成像卫星，2006 年 6 月发射，轨道倾角为 70.4°，轨道周期为 94 min。卫星有效载荷为 Geoton-1 折射式推扫成像相机，焦距 4 m，天底点全色影像分辨率为 0.9～1 m，多光谱影像分辨率为 2～3 m，图像幅宽为 28.3 km；升高轨道后，卫星全色影像最高分辨率为 1.7 m，多光谱影像分辨率为 3 m，图像幅宽为 48 km；卫星具有同轨或邻轨立体成像能力，有地面控制点条件下满足 1∶5 000 比例尺测图要求，无地面控制点条件下满足 1∶2.5 万的测图要求。

1.2.3　法国

法国是欧盟国家中最早研究开发摄影测量卫星的国家，其卫星技术在欧洲处于领先地位。SPOT 卫星是法国发展的最成功的民用光学成像卫星系列，主要用于陆地应用、农业、森林、制图和区域规划等领域。首颗 SPOT-1 卫星于 1986 年发射，为 CCD 推扫式线阵数字传输型卫星，影像分辨率为 10 m。

1. SPOT 系列卫星

法国发展了四代 SPOT 系列卫星。

第一代为 SPOT-1、SPOT-2、SPOT-3，携带有两台高分辨率可见光相机(HRV)，幅宽为 60 km，全色分辨率为 10 m，多光谱影像分辨率为 20 m，分别于 1986 年、1990 年、1993 年发射。

第二代为 SPOT-4，携带一台高分辨率可见光相机(HRVIR)和红外相机、一台植被监测仪(VMI)，全色分辨率为 10 m，多光谱影像分辨率为 20 m，短波红外分辨率为 20 m，1998 年发射。

第三代为 SPOT-5，2002 年发射，装载有 HRG、VI 以及 HRS 三种光学成像系统，VI 相机与 SPOT-4 相同；HRG(high resolution geometry)成像系统由两个全光谱成像仪(HM)、一个多光谱成像仪(HI)以及一个短波红外线波段(SWIR)成像仪组成，影像分辨率分别为 5 m、10 m 和 20 m；若利用两组 HRG 传感器同时拍摄，再经过影像融合处理可以将影像分辨率提高到 2.5 m，称为超解像模式(supermode)影像，而像幅宽度仍可保持为 60 km，是目前国外中高分辨率卫星中覆盖宽度最大的卫星影像；HRS(high resolution stereo)为立体成像系统，其设计几何关系严密，十分有利于高精度的立体测图与数字高程模型的生产，其拍摄范围为120 km×600 km，拍摄方式为同轨立体，其影像分辨率为 10 m，且沿轨道方向重复摄影影像分辨率为 5 m，基高比(摄影基线 B 与相对航高 H 的比值，B/H)可高达 0.84。在平坦地区，利用星敏感器、GPS 和 MORIS 系统提供的高精度轨道与姿态参数，无地面控制点条件下制作数字地形模型的定位精度约为 15 m；利用地面控制点可获得 4.5 m 的高程精度。

第四代为 SPOT-6，2012 年 9 月 9 日发射，主要载荷为高分辨率光学相机，幅宽保持 60 km，卫星影像分辨率提高到全色 1.5 m 和多光谱 6 m，与 0.7 m 分辨率的 Pleiades 卫星相互补充，满足多样化任务需求。

2. Pleiades 卫星

Pleiades 是昴宿星团的意思。Pleiades 卫星是法国发展的新一代军民两用高分辨率光学成像卫星，由两颗卫星组成，与 SPOT 卫星互为补充，完成对地成像任务。Pleiades 卫星设计寿命为 5 a，轨道高度为 695 km，采用太阳同步轨道。光学系统选型为类似 IKONOS 的三镜反射型，称为 Korsch 混合型，主镜直径为 650 mm。光学系统焦距为 12.9 m。与 SPOT 卫星不同的是，Pleiades 卫星把全色与多光谱影像综合到一起，其全色影像分辨率为 0.7 m，四个多光谱波段影像分辨率为 2.8 m。Pleiades 卫星的扫描带宽为 20 km，能以 40°倾角前、后视成像，具有同轨与邻轨立体或三立体成像能力，立体像对覆盖面积为 350 km×20 km，重复周期不到 24 h，每颗卫星一天可采集 450 幅影像。卫星携带有三台星敏感器、DORIS 接收机和惯性测量设备，可提供较高精度的定轨与测姿数据。在无地面控制点的情况下，其地理定位精度为 20 m，利用地面控制点则可获得 1 m 的定位精度。Pleiades-1 于 2011 年 12 月 17 日成功发射。

1.2.4 日本

近年来，日本开始大力发展侦察和测绘卫星。根据其经济和技术实力，重点发展传输型摄影测量卫星。

1. 情报收集卫星

情报收集卫星（Information Gathering Satellite，IGS）是日本发展的成像侦察卫星星座，由两对四颗卫星组成，每对包含一颗光学成像侦察卫星和一颗雷达成像侦察卫星，其目的是通过光学和雷达两种卫星协同工作，实现全天时、全天候成像侦察，以军事侦察为主，兼顾军事测绘任务，为日本政府和军方提供图像情报，也支持民用自然灾害监控任务。至 2011 年 12 月，日本已发射第一代和第二代 IGS 卫星共十颗，其中光学成像卫星六颗，雷达成像卫星四颗。目前在轨运行卫星六颗，其中 1 m 分辨率光学成像卫星五颗，3 m 分辨率雷达成像卫星一颗，使日本具有了全天时、全天候获取全球军事情报与地形信息的能力，可用于测绘或修测 1∶1 万比例尺地形图。

日本正在研制第三代 IGS 卫星，包括 IGS-05 试验星、IGS-R4、IGS-05 共三颗卫星，影像分辨率将提高到 0.4 m，计划于 2014 年发射。

2. 陆地观测卫星

陆地观测卫星(Advanced Land Observing Satellite,ALOS)是日本宇宙航空研究开发机构研制的大型综合性对地观测卫星,带有光学和雷达成像两种载荷,主要用于测绘、环境监测和资源调查。

ALOS-1 卫星于 2006 年 1 月发射成功,轨道高度为 692 km,卫星寿命 4 a,轨道重复周期为 46 d;携带有三个传感器,分别是 PRISM(全色立体测图遥感仪)、AVNIR-2(先进可见光与近红外辐射仪)和 PALSAR(相位阵 L 波段合成孔径雷达)。其中,PRISM 具有多种不同的立体成像模式,是专门用于全球地形图测绘的成像系统,具有三个独立的光学系统,分别向前、向下和向后成像,相机焦距为 1.94 m,具有同轨立体成像能力,向下观测的光学相机扫描带宽为 70 km,影像分辨率为2.5 m,向前和向后观测的光学相机系统扫描带宽为 35 km。向前和向后成像系统与向下成像系统之间的夹角为+24°和−24°,基高比为 1.0,具备良好的几何交会条件。同时,该系统还配有星敏感器和 GPS 用于测姿与定轨,为高精度的立体测图提供了必要的技术条件。AVNIR 为多光谱成像系统,影像分辨率为 10 m,PALSAR 为雷达成像系统,分辨率为 7 m。ALOS 计划的主要用途是编制亚太地区国家的地图、自然资源的探测和周围环境的监测,设计相对高程测量精度为3 m,实际测出的高程精度为 5 m。

ALOS-1 卫星已于 2011 年 5 月终止运行。为保持地球遥感数据的连续性,进一步提高卫星遥感性能,日本已经规划了 ALOS 卫星的后续型号,即 L 频段雷达遥感卫星 ALOS-2 和光学遥感卫星 ALOS-3,并已列入相应的发射计划。

1.2.5　印度

印度遥感卫星(IRS)系列是印度空间研究组织发展的低地球轨道对地观测卫星系统,已形成“资源卫星”、“制图卫星”、“海洋卫星”三大系列,为印度军民用户提供卫星遥感影像信息。其中,“制图卫星”系列是印度发展的专用中、高分辨率测绘卫星系列(如表 1.2 所示)。

印度分别于 1988 年与 1991 年发射了 IRS-1A 和 IRS-1B 两颗测绘遥感卫星,影像分辨率分别为 72 m 和 36 m;1995 年与 1997 年又分别发射了 IRS-1C 和 IRS-1D,其全色影像分辨率均为 6 m,多光谱成像仪和宽视场成像仪影像分辨率分别为 23.6 m 和 188 m。由于 1C、1D 较充分地考虑了地形图测绘的要求,具有较高的姿态稳定度,在国际市场上比较受欢迎。

20 世纪 90 年代末,印度开始研究开发高分辨率成像卫星,并于 2005 年发射了 Cartosat-1,2007 年、2008 年、2010 年又分别发射了 Cartosat-2、Cartosat-2A、Cartosat-2B 高分辨率测绘卫星,卫星影像分辨率分别为 1 m 和 0.8 m,使印度进入了测绘卫星先进国家的行列。

表 1.2 印度测绘遥感卫星的主要技术参数

<table>
<tr><th>卫星</th><th>发射时间</th><th>卫星主要参数</th><th>遥感器</th><th>性能</th><th>用户</th></tr>
<tr><td>IRS-1A</td><td>1988-3-17</td><td>975 kg</td><td>两种三台，LISS(线性成像自扫描)</td><td>分辨率 72.5 m 和 36.25 m；扫描宽度 148 km</td><td rowspan="9">军民用户</td></tr>
<tr><td>IRS-1B</td><td>1991-8-29</td><td>重复观测周期 11 d</td><td>同上</td><td>同上</td></tr>
<tr><td>IRS-1C</td><td>1995-12-28</td><td>1 250 kg，轨道高 817 km，重复观测周期 24 d</td><td>立体观测</td><td>分辨率 5.7 m、23.6 m 和 188 m，可侧摆±26°</td></tr>
<tr><td>IRS-1D</td><td>1997-9-29</td><td colspan="3">与 IRS-1C 相同</td></tr>
<tr><td>Cartosat-1</td><td>2005-5-5</td><td>1 500 kg，618 km，5 d 重访</td><td>两台全色</td><td>分辨率 2.5 m 立体像对，30 km</td></tr>
<tr><td>Cartosat-2</td><td>2007-1</td><td>兼顾大气、海洋、气候观测综合卫星、军事侦察</td><td>高度计、微波辐射计、散射计、热红外辐射计</td><td>分辨率 1 m，幅宽 10 km</td></tr>
<tr><td>Cartosat-2A</td><td>2008-4-28</td><td colspan="3">与 Cartosat-2 相同</td></tr>
<tr><td>Cartosat-2B</td><td>2010-7-12</td><td colspan="3">与 Cartosat-2 相同</td></tr>
</table>

Cartosat-1 运行在高度为 618 km、倾角 97.9°的太阳同步圆轨道，重访周期为 126 d，通过侧摆，重访周期可缩短到 5 d。卫星有效载荷为两台完全相同的全色相机，相机有效焦距为 2 m，前后视相机与天底点夹角分别为＋26°和－5°，两部相机组成双线阵测绘系统，在同一圆轨道上先后拍摄同一目标地域的图像，获取同轨或邻轨立体像对，影像空间分辨率 2.5 m，扫描带宽 30 km。为满足测图要求，卫星还配备了一套姿态与轨道控制系统(attitude and orbit control system，AOCS)，以提供高精度的稳定平台。此外，卫星还使用了多种传感器，如地球传感器、星传感器、精确航偏传感器以及数字太阳传感器来精确控制和确定卫星的姿态，以保证获得测图所需的高精度外方位元素。

Cartosat-2、Cartosat-2A、Cartosat-2B 卫星是 Cartosat-1 的后续卫星，主要用于高分辨率(优于 1 m)成像观测，进行全球重点地区详细测绘。三颗卫星运行在高度为 635 km、倾角 97.9°的太阳同步圆轨道。卫星有效载荷为新型全色相机(PAN)，天底点图像分辨率优于 1 m，幅宽 10 km，图像定位精度优于 100 m。卫星具有单轨立体成像能力，并具有高敏捷性，可在沿轨和垂轨方向侧摆±45°，重访周期缩短到 4 d；结合轨道机动，可使重访周期缩短到 1 d。

Cartosat-1 和 Cartosat-2 卫星影像数据分别用于有地面控制点条件下 1∶2.5 万和 1∶1 万比例尺地形图测绘，其主要产品有影像数据产品、影像地图数据产品、DEM 数据产品、三角测量控制点库等。

印度正在研制 Cartosat-3 卫星，主要用于高分辨率军事侦察和测绘。

Cartosat-3 卫星全色影像分辨率为 0.3 m，4 个多光谱波段，分辨率为 1.2 m，幅宽约为 10 km。

1.2.6　韩国

韩国于 1999 年 12 月和 2006 年 7 月分别发射了多用途小卫星 Kompsat-1、Kompsat-2，主要用于地图测绘和海面多光谱摄影。Kompsat-1 卫星影像分辨率为 6.6 m，幅宽为 17 km，可异轨立体成像。Kompsat-2 卫星影像分辨率为 1 m，多光谱影像分辨率为 4 m，幅宽为 15 km；具有较强的姿态机动能力，可在沿轨方向侧摆±30°，垂轨方向侧摆±56°，实现多轨立体成像，卫星轨道重复周期为 28 d，但结合姿态机动能力后，单星重访周期缩短为 3 d。

2004 年 7 月，韩国启动研制 Kompsat-3 和 Kompsat-3A 卫星，前者有效载荷为高分辨率推扫成像仪，全色影像分辨率为 3 m，多光谱影像分辨率为 2.8 m，主要用于全色和多光谱制图和灾害监测；后者增加了红外观测能力，其目的主要用于接替 Kompsat-2 卫星。

综观世界各国发射的摄影测量卫星，依据其分辨率、控制点精度、立体成像能力、外方位元素获取精度、平台稳定性等，分别用于测绘 1∶5 万、1∶2.5 万、1∶1 万和 1∶5 000比例尺地形图，如表 1.3 所示。

表 1.3　世界大比例尺地形图光学测绘卫星系统一览表

测图比例尺	测绘卫星系统	国家	发射时间	分辨率/m	
				全色影像	多光谱影像
1∶5 万	SPOT-5	法国	2002-5	5	10
1∶2.5 万	Cartosat-1	印度	2005-5	2.5	-
	ALOS-PRISM	日本	2006-1	2.5	10
	Topsat	英国	2005-10	2.5	5
	EROS-A	以色列	2000-12	1.8	-
1∶1 万	TES	印度	2001-10	1	-
	IGS-2，3	日本	2007-2，2009-11	1/0.6	-
	LKONOS	美国	1999-9	0.82	3.2
	OrbView-3	美国	2003-6	1	4
	QuickBird	美国	2001-10	0.61	2.5
	Cartosat-2，2A，2B	印度	2007-1，2008-4，2010-7	1/1/0.8	-
	Resurs-DK1	俄罗斯	2006-6	1	2
	Kompsat-2	韩国	2006-7	1	4
	EROS-B	以色列	2006-4	0.7	-
	Pleiades-1	法国	2011-12	0.7	2.8
	Pleiades-2	法国	2012-12	0.7	-
	Cartosat-3	印度	计划中	0.5	-

续表

测图比例尺	测绘卫星系统	国家	发射时间	分辨率/m	
				全色影像	多光谱影像
1∶5 000	IGS-5A	日本	计划中	0.4	-
	WorldView-1,2	美国	2007-9,2009-10	0.46	2.44
	GeoEye-1	美国	2008-9	0.41	1.6
	Resurs-DKII	俄罗斯	计划中	0.4	-
	GeoEye-2	美国	计划中	0.25	-

§1.3 国内摄影测量卫星的发射情况

我国卫星摄影测量始于20世纪80年代。三十多年来,观测手段不断丰富,卫星主要使用性能和技术指标不断提高,应用能力不断增强,在国民经济建设、维护国家安全和保障国防建设等方面发挥了重要作用。

20世纪80年代初,为解决困难地区的摄影测量定位和测图的难题,我国发展了第一代返回式摄影定位卫星,1987年发射第一颗卫星,共发射五颗卫星。主要技术指标为:飞行高度200 km,在轨飞行8 d,地面像元分辨率8 m,测绘地形图比例尺1∶20万。

20世纪末,为进一步满足国民经济建设的需要,研制并成功发射了第二代返回式摄影定位卫星,2003年第一颗卫星发射,先后成功发射和回收三颗卫星。主要技术指标为:飞行高度200 km,在轨飞行16 d,地面像元分辨率5～7 m,测绘1∶10万比例尺地形图、1∶5万比例尺数字高程模型、5 m分辨率数字正射影像图等。

2004年4月,为适应测绘卫星长期在轨运行的要求,中国成功发射第一颗传输型立体测绘演示验证卫星,该卫星质量为204 kg,轨道为600 km的太阳同步轨道,有效载荷由一台三线阵CCD测绘相机和两台星敏感器组成,测绘相机交会角为21°,地面像元分辨率为12 m。可测制1∶10万比例尺地图。

2010年8月24日和2012年5月6日,中国成功发射1∶5万比例尺立体测绘卫星——天绘一号卫星01星和02星,目前在轨正常运行。主要技术指标为:太阳同步圆轨道,飞行高度500 km。携带有三类摄影传感器,分别是5 m分辨率的三线阵相机、2 m分辨率的高分辨相机和10 m分辨率的多光谱相机(包括红、绿、蓝、近红外四谱段),可在无地面控制点条件下,测绘1∶5万比例尺数字地形图、数字高程模型、数字正射影像地图,修测1∶2.5万地形图。

2012年1月9日,中国成功发射另一颗1∶5万比例尺立体测绘卫星——资源三号立体测绘卫星,现在轨运行。主要技术指标为:飞行高度500 km。地面像元分辨率为立体影像分辨率3.5 m、正视影像分辨率2.5 m、多光谱影像分辨率

8 m，基于地面控制点，可测绘 1∶5 万比例尺数字地形图、数字高程模型、数字正射影像地图，修测 1∶2.5 万地形图。

§1.4　卫星摄影测量的作用

摄影测量卫星具有对地观测范围广，不受边界、地域限制，长期不间断工作，以及工作效率高等特点，已经成为地理空间信息探测、处理、应用的主要手段。受到了美国、俄罗斯、德国、法国、印度、日本、以色列和中国等国家的高度重视，在短短几十年间，摄影测量卫星及其处理与应用技术得到了飞速发展。摄影测量卫星由最初的光学胶片返回式发展为光学数字传输型，传感器类型也由光学成像发展到微波、多光谱与高光谱等成像系统，实现了全天时、全天候的地理空间信息测绘能力，摄影测量卫星影像分辨率达到亚米级，定位精度达到米级，衍生的测绘产品日益丰富，应用领域也不断扩展，在维护国家安全、促进国防和经济建设、加快社会发展等诸多方面发挥着越来越重要的作用。

在测绘领域，利用摄影测量卫星资源，可以建立和更新国家基础地理信息数据库，开展地形条件差、气候复杂、环境艰苦的作业地区测图工作，完成各类比例尺测绘产品的生产和更新。

在农业领域，通过卫星摄影测量与遥感技术，可以监测和评估农作物长势，预测作物产品等，实现农业生产的精细化。

在林业领域，卫星摄影测量技术可以应用于防护林综合调查和沙漠化土地调查，编制土地资源评价图、森林分布图、森林动态图、草地类型图、草地等级图等，并可用于编制全国沙漠、戈壁和沙化土地分布图，为国家治理荒漠化问题提供基础数据。

在资源环境领域，可以利用摄影测量（遥感）卫星资源，进行全国土地利用遥感调查和制图、全国土地资源动态监测、土地执法遥感监测、遥感综合探矿以及环境遥感调查等。

在城市建设领域，可以利用摄影测量（遥感）卫星资源和技术，开发建立网格化城市管理支撑平台、城市公共管理综合应用支撑平台、城市职能交通信息平台等，提高城市智能化管理水平。

在防灾减灾领域，可以进行旱灾遥感监测、洪涝灾害遥感监测、森林和草原火灾卫星遥感监测、地震遥感监测与评估等，最大限度减低自然灾害带来的损失。

在国防安全方面，卫星摄影测量技术在捍卫国家主权、拓展国家权益及保护国家公共安全等方面发挥着重要作用。

第 2 章　无地面控制点摄影测量

§2.1　概　述

当今世界上不发达地区大约 90％属于无图区，全球陆地有 1∶5 万比例尺地形图地区也只占约 50％，无地面控制点摄影测量是无图区测制 1∶5 万比例尺地形图的最重要的选择。从原理上说，在有 GPS 接收机及高精度星敏测姿条件下，无地面控制点卫星摄影测量是完全可行的，但在工程实现方面，要达到 1∶5 万比例尺制图、高程中误差 6 m(1σ)的要求并不容易，即使是技术很发达的国家也经历了相当艰难的研发过程。

20 世纪 70 年代，美国建议的 Mapsat 和 Stereosat 项目，采用影像分辨率为 10 m的三线阵 CCD 相机，要求卫星平台稳定度为 1×10^{-6}(°)/s，加上星敏感器测定姿态角、GPS 测定摄站坐标，可实现无地面控制点的卫星摄影测量，但由于对卫星平台稳定度要求过高，工程难以实现，该建议未付诸实施。德国学者 Hofmann 等提出根据卫星摄影中外方位元素变化平稳的特点，将外方位元素的解算离散为只求解“定向片”时刻外方位元素，在多轨道多卫星（multimegabit operation multiplexer system，MOMS）工程中采用三线阵 CCD 影像按“定向片”法作光束法平差，以达到降低卫星平台稳定度和对地面控制点数量的要求，但实验结果是立体测绘不能没有地面控制点参与。日本的 ALOS 卫星是用于进行无地面控制点的摄影测量卫星，主要传感器为三线阵 CCD 相机，但立体测绘只有前、后视影像，正视影像仅用于制作正射影像。姿态稳定度为 0.38×10^{-4}(°)/s，外方位线元素精度为 1 m，依靠星敏感器测姿值和高精度角度偏移测量传感器 ADS 的观测值联合计算，外方位角元素精度可达 0.5″。该系统目标是在无地面控制点条件下测绘 1∶2.5万比例尺地形图，但高程误差超差，没有满足该工程目标要求。

我国地域辽阔，具有大量的高原、沙漠等无人区，因此，进行无地面控制点条件下的摄影测量是我们的首选。我国从 20 世纪 80 年代就开展这方面技术研究，在分析国外卫星摄影测量发展现状的基础上，立足我国航天技术水平和能力，充分挖掘地面数据处理潜力，提出了我国第一颗传输型立体测绘卫星——天绘一号卫星，主要用于无地面控制点条件下的 1∶5 万比例尺地形图测绘。在立体摄影相机载荷、在轨摄影参数标定和影像光束法平差等方面，先后提出了 LMCCD 立体测绘相机设计思路及等效框幅像片（简称 EFP）多功能光束法平差方法，形成了一套完整的技术体系。2010 年 8 月 24 日，卫星成功发射，实现了无地面控制点的卫星高精度摄影定位，达到了工程建设目标。

§2.2　LMCCD 立体测绘相机

LMCCD 立体测绘相机是天绘一号卫星基于影像高精度定位理论提出并研制的具有自主知识产权的摄影相机系统，它是一种线阵-面阵混合配置的三线阵(line-matrix CCD array，LMCCD)相机。基于三线阵 CCD 相机，在正视相机焦面上增加四个小面阵，摄影时在获取前视、正视和后视三线阵影像的同时获取四个小面阵影像。相机探测器结构配置如图 2.1 所示。

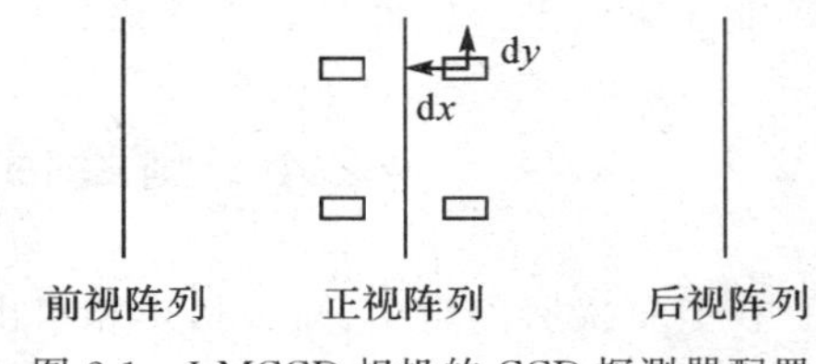

图 2.1　LMCCD 相机的 CCD 探测器配置

LMCCD 立体测绘相机摄取的影像，在结构上继承了三线阵影像的立体构像能力强、可获取条带影像的优点，同时，小面阵影像用于提取空中三角锁之间的连接点像平面坐标，按等效框幅像片平差法规定，每一条短基线(前视或后视相机与正视相机摄影中心的距离)按十等分选取定向时刻。因此，小面阵 CCD 中心与正视线阵的距离为 $\mathrm{d}x = f \cdot \tan\alpha / 20$，其中 f 为正视相机主距，α 为前视、后视相机与正视相机的夹角。在推扫摄影过程中，只有在定向时刻才记录小面阵的影像数据，也就是说在定向时刻除了得到三线阵 CCD 影像外，还可得到四个小面阵影像，小面阵影像中的坐标均属于该定向时刻的真框幅坐标。同时，记录此定向时刻，并将其用于空中三角测量时的 EFP 时刻。同时要求每一个小面阵 CCD 探测器左上角像元在正视相机的框幅坐标应作为相机标定数据中的一项给出，以便于换算连接点的框幅像坐标。从而增加三线阵推扫影像空中三角网的构网强度，得到无系统变形的航线立体模型，为解决三线阵 CCD 推扫式相机影像的几何控制难题，奠定了技术基础。

§2.3　EFP 多功能光束法平差

在天绘一号卫星工程中，为适应实际数据的平差计算，形成了一套完整的 EFP 多功能光束法平差计算方法集。包括：

(1)EFP＋LMCCD 影像光束法平差。获得的模型点上下视差很小，并且构建的空中三角航线模型无波浪形状的系统误差，能够显著地削弱角元素高频误差对平差结果的影响。

(2)全三线交会 EFP 光束法平差。全航线地面点交会时，通过特殊功能的反复迭代解算的光束法平差，能使角元素高频误差对平差结果的影响削弱约0.6的因子，并且模型点上下视差很小。

(3)角元素低频误差补偿方法。能有效补偿卫星在其轨道上全球飞行摄影测量中，测姿系统低频误差对定位精度的影响。

(4)偏流角余差改正技术。由于偏流角改正措施理论上的不严格性，导致同一地面点的前视、正视、后视三线阵CCD影像不相交于一点，光束法平差中为消除其影响，造成了正视与前视、后视交会的高程值不等，将影响后续工序摄影测量处理。多功能光束法平差软件具有消除该高程值不等的功能。

§2.4 测绘相机参数在轨标定

在卫星摄影测量中，航天摄影相机由于卫星发射和在轨运行过程中，受卫星发射的振动、长时间飞行中温度变化的影响，几何参数会发生变化。在有地面控制点的卫星摄影测量中，相机几何参数影响的摄影测量误差大部分可以利用地面控制点处理时消除。但在无地面控制点的卫星摄影测量中，几何参数变化需采用在轨几何标定加以改正。如法国SPOT卫星通过在轨标定，无地面控制点条件下的定位精度从几百米改善到50 m；印度Cartosat卫星从200 m改善到优于100 m。因此，航天摄影测量相机几何参数在轨标定是实现无地面控制点条件下提高影像空间定位精度的有效途径。

天绘一号卫星在轨标定的目标是将变化了的三个相机参数重组为等效框幅相机，采用框幅像片的数学模型，按照空中三角测量后方交会原理进行参数解算。标定参数包括3个相机像主点坐标、3个相机主距以及星地相机3个角元素转换参数的附加改正数，共12个，其中11个为独立待解参数。利用LMCCD影像实施光束法平差时，建立的航线模型没有系统变形，绝对定向参数只有7个未知数，所以在轨标定的空中三角测量共有18个待解参数，利用分布合理的地面控制点便可求解。

从实际应用情况看，LMCCD影像的等效框幅空中三角测量在轨标定方法，提供了没有航线系统变形的条件，同时，又具备严格框幅式相片的性能，在解算精度方面优势明显。

第 3 章　天绘一号卫星工程总体概述

§3.1　基本任务及要求

3.1.1　基本任务

天绘一号卫星工程的基本任务为获取全球范围内立体、多光谱和高分辨率影像信息，实现地物的快速、精确三维定位，生成和更新地理空间信息，完成全球基础测绘，为国防和国民经济建设提供地理空间信息保障。

3.1.2　使用要求

1. 总体能力

天绘一号卫星以光学三线阵 LMCCD 立体测绘相机、高分辨率相机、多光谱相机等为有效载荷，采取太阳同步圆轨道，实现无地面控制点条件下测绘全球 1∶5 万比例尺地形图、50 m 及 25 m 间隔的数字高程模型、5 m 分辨率数字正射影像图，修测 1∶2.5 万比例尺地形图，实施全球基础测绘。

2. 使用要求

(1)实现全球主要地区的无缝摄影覆盖，获取指定地区的立体影像、多光谱影像和高分辨率影像及相应的轨道和姿态数据。

(2)生产卫星影像产品，包括原始、辐射校正、粗几何校正、精几何校正的影像数据，以及相应的元数据和辅助测量数据。

(3)制作基础地理信息产品，包括测制和修测地形图、影像地图、数字高程图。

(4)面向用户实施卫星影像产品的分发共享。

3.1.3　传感器主要性能

光学成像传感器的主要性能如表 3.1 所示。

表 3.1　光学成像传感器主要性能

相机	项目	性能指标	备注
三线阵 CCD 相机	地面像元分辨率/m	5	轨道高 500 km
	地面覆盖宽度/km	60	
	光谱范围/μm	0.51～0.73	
	前(后)视相机与正视相机夹角/(°)	25	

续表

相机	项目	性能指标	备注
三线阵CCD相机	基高比	1	轨道高500 km
	影像灰度量化位数/bit	10	
高分辨率相机	地面像元分辨率/m	2	
	地面覆盖宽度/km	60	
	光谱范围/μm	0.51～0.73	
	影像灰度量化位数/bit	8	
多光谱相机	地面像元分辨率/m	10	
	地面覆盖宽度/km	60	
	光谱范围/μm	B1:0.43～0.52 B2:0.52～0.61 B3:0.61～0.69 B4:0.73～0.90	
	影像灰度量化位数/bit	8	

§3.2　工程特点

天绘一号卫星工程吸收了国内外航天测绘先进的设计理念，提出了多项关键技术方法，集成研制出了功能强、应用广的卫星系统，以及配套的地面系统。主要特点：

(1)基于无地面控制点条件的摄影测量理论构建卫星应用技术体系。包括LMCCD相机的技术体系、高精度的定轨定姿设备、摄影测量相机参数的在轨标定方法、EFP多功能光束法平差理论与方法等，实现了全球范围卫星摄影立体影像在无地面控制点条件下的高精度定位，定位精度达到平面10.3 m，高程5.7 m。

(2)基于小卫星平台实施多功能载荷一体化设计。在一个1 000 kg左右的小卫星上，集成了五台相机，19个独立影像信息源，三台星敏感器，两台GPS接收机等。是目前中国最复杂、功能密度最高的小卫星，有效载荷占到了卫星重量的50%。

(3)基于新技术、新工艺、新方法进行综合集成与融合应用，包括低畸变高稳定测绘相机技术、高分辨宽视场离轴三反光学相机技术、单相机多波段宽视场多光谱相机技术、高速多源数据复接技术、高精度几何定标与检测技术、精密定轨与定姿技术、无地面控制点条件的光束法平差技术等，是目前中国采用新技术最多的卫星工程。

(4)基于丰富卫星数据开展多种影像产品、测绘产品的设计、生产与应用。包括制作四级六类影像产品、3D测绘产品(数字高程模型、正射影像图、数字地形图)，在国民经济建设中发挥了重要作用。

§3.3　功能与组成

天绘一号卫星工程由卫星、地面应用、测控、运载火箭、发射场等五大系统组成。

3.3.1　卫星系统

卫星以 CAST2000 小卫星平台技术及成熟产品为基础，由有效载荷和平台两大部分组成。有效载荷包括 5 m 分辨率的三线阵 LMCCD 摄影测量相机、10 m 分辨率的 4 谱段（红、绿、蓝、近红外）多光谱相机、2 m 分辨率离轴三反相机等三类相机、高精度星敏感器和高精度 GPS 接收机等。卫星平台包括结构、热控、控制、星务管理、测控、电源和总体电路等七部分。

3.3.2　地面应用系统

地面应用系统是天绘一号卫星工程五大系统的重要组成部分，主要担负天绘一号卫星数据的获取、接收、处理、管理、服务和应用的任务，完成地面应用系统中测绘生产关键技术攻关，建立完整的生产系统，实现无地面控制点条件下高精度定位及地形图测绘。

3.3.3　测控系统

测控系统包括运载火箭的测控和卫星的测控两部分。运载火箭的测控主要是完成火箭的全程跟踪测量，接收、记录，以及处理遥测和外测数据；实时监控和判定火箭飞行状况，一、二级飞行段火箭发生故障危机时，选择适当时机实施安控；为航区提供引导信息，为各飞行试验指挥机构提供遥测和外测监控、显示信息和安控判断信息；测定卫星入轨初始轨道等。卫星的测控主要是对卫星进行跟踪测轨，确定并预报卫星轨道；按要求接收和处理卫星遥测数据，监视卫星工作状况；按要求发送遥控指令和注入数据，完成卫星的控制和管理；卫星出现故障时，按故障预案要求实施应急测控。

3.3.4　火箭系统

运载火箭的主要任务是根据天绘一号卫星系统的要求，将卫星成功发射进入高度 500 km 的太阳同步轨道，降交点地方时为下午 1:30。

采用 CZ-2D 火箭，由箭体结构、发动机、增压输送、控制、遥测、外安及推进等分系统组成，火箭采用带卫星整流状态的技术方案。

3.3.5　发射场系统

发射场主要完成卫星、运载火箭的进场、转载；技术区卫星检漏、测试、整流罩安装，火箭内外观检查、单元仪器测试，卫星及火箭的转场；发射区卫星及火箭吊装对接、测试和火箭推进剂加注、发射等任务。此外，发射场还需提供地面设施保障及火箭一级残骸、故障火箭星箭残骸的回收任务等。

发射场系统主要由发射区和技术区以及测试、发射控制系统和相应保障系统组成。发射区具有完善的设施设备，包括发射场坪、脐带勤务塔、导流槽、瞄准间、加注库房、电视摄像间及高速摄影场坪等。技术区包括测发控制楼、水平转载测试准备间、飞船有效载荷总装测试厂房、飞船加注与整流罩装配厂房、火工品检测间、火工品贮存间等。

§3.4 工程实践

天绘一号01星于2010年8月24日成功发射，02星于2012年5月6日成功发射。为全面、可靠地检验卫星数据处理精度，在国内选择了数个精度检测场，通过全野外实地测量获取地面点坐标，作为无地面控制点条件下卫星摄影定位的精度检查点。

3.4.1 检测场选择

检测场的选择原则：均匀分布在国内不同纬度地区；三线阵前、正、后视影像三度重叠长度在250 km以上的无云地区；全轨道GPS数据、三线阵影像及辅助数据齐备；检测场地形、地物丰富，包含山地、丘陵等地形。因此，为了全面检测天绘一号卫星的几何精度，选定黑龙江、新疆及重庆等地面检测场。

3.4.2 定位精度检测

利用星上获取的姿态和轨道数据，对三线阵影像进行EFP多功能光束法平差，精确解算摄影时刻的外方位元素，生产标准格式的1B级卫星影像产品。在此基础上，进行无地面控制点和有地面控制点的定位计算。

无地面控制点定位的精度统计结果见表3.2。

表3.2 无地面控制点定位误差统计

检测场名	中误差/m					检查点数量
	μ_x	μ_y	μ_z	μ_{xy}	μ_{xyz}	
黑龙江检测场	7.7	7.4	4.5	10.7	11.6	30
新疆检测场	6.7	8.9	4.0	11.1	11.8	30
北京山东检测场	5.9	6.9	7.2	8.9	11.4	30
安徽检测场	7.2	8.8	5.4	11.4	12.6	12
黑龙江吉林检测场	5.9	7.2	7.4	9.3	11.9	12
五个区所有检查点统计	6.8	7.8	5.7	10.3	11.8	114

注：μ_x、μ_y 为高斯6°分带平面坐标误差；μ_z 为大地高误差。

有地面控制点定位的精度检测统计结果见表 3.3。

表 3.3　有地面控制点定位误差统计

试验场测区名	控制点数	中误差/m			
		μ_x	μ_y	μ_{xy}	μ_z
北京山东试验场	30	2.3	2.0	3.0	1.7
西北新疆试验场	30	4.2	2.9	5.1	2.0
江西广东试验场	30	3.1	3.6	4.8	1.8
四川重庆试验场	30	6.0	3.5	6.9	2.4
黑龙江试验场	30	2.9	2.7	4.0	1.7
安徽试验场	12	6.5	3.4	7.3	1.5
黑龙江吉林试验场	12	3.0	3.2	4.4	0.9
所有 7 个试验场测区	-	4.1	3	5.1	1.9

3.4.3　测绘产品试生产

基于现有的数字测图系统，利用天绘一号卫星影像，开展了 1∶5 万比例尺地形图试验工作，在无地面控制点条件下完成了新疆阜康试验区 1∶5 万比例尺地形图、5 m 分辨率全色正射影像和晕渲图、高分辨率 2 m 全色正射影像、多光谱和高分辨率影像融合 2 m 彩色影像等产品制作试生产，并进行了地形图平面和高程精度的检测。采用已出版的地形图和制作的正射影像图进行了比对，地形图平面精度中误差为 19.69 m；地形图高程精度中误差为 3.32 m。

通过试生产，验证了天绘一号卫星影像的测图能力和地物判读能力。

第4章 卫星系统总体设计

§4.1 概 述

4.1.1 组成

天绘一号卫星采用CAST2000平台研制，卫星由有效载荷、平台两大部分组成，其组成如图4.1所示。卫星平台系统由结构与机构、热控、控制、星务管理、测控、天线、电源和总体电路八个分系统组成；有效载荷包括测绘相机分系统、高分辨率相机分系统、数传分系统和空间环境设备四个部分。天绘一号卫星是在继承公用平台的成熟技术基础上针对高精度的测绘任务来进行总体设计，根据测绘的任务需求和有效载荷的特点进行卫星平台系统的设计，从而能很好地满足高精度测绘使用要求，卫星采用太阳同步轨道，轨道高度约500 km，降交点地方时为13:30。

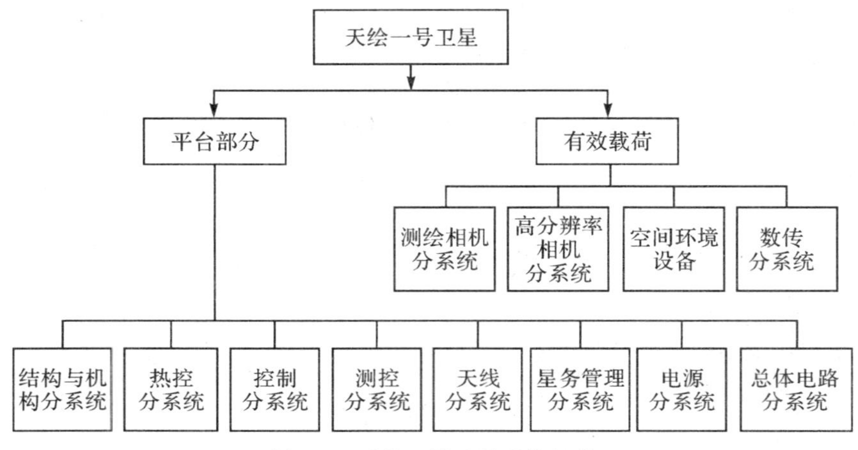

图4.1 天绘一号卫星系统组成

4.1.2 任务分析

天绘一号卫星工程主要任务是测制1∶5万比例尺地图，修测1∶2.5万比例尺地图。根据我国光学相机研制能力、星地数传能力、星上存储能力等，天绘一号卫星配置全色谱段的三线阵相机、四个谱段的多光谱相机、高地面像元分辨率相机。其中,全色三线阵影像主要用于高精度定位,为提高定位精度,全色谱段的正视相机中增设四个小面阵;高分辨率影像主要用于快速、准确的地物判读,提高地图信息的完整性;多光谱影像则用于确定主要地物的物理属性;同时,通过多光谱影像与全色影像的融合处理,可以生成彩色正射影像产品。

综合考虑太阳光照、影像分辨率、几何精度、数据处理以及重访周期和卫星维持控制技术要求等,卫星轨道选为太阳同步圆轨道、轨道高度为 500 km、降交点(地方时)为 13:30。

§4.2　总体方案设计

4.2.1　有效载荷

天绘一号卫星有效载荷包括测绘相机、多光谱相机、高分辨率相机、GPS、星敏感器和陀螺及数据传输系统等。

1. 立体测绘相机

该相机主要用于高精度三维定位,配置有三台(其中一个对地正视,两个分别对地前斜视、后斜视)地面像元分辨率为 5 m 全色 CCD 相机,可提供幅宽为 60 km 的全色立体影像。其中对地正视 CCD 相机焦面上还装有四个小面阵 CCD,用于测绘平差处理,提高定位精度,特别是高程精度。图 4.2 为测绘相机立体示意图。

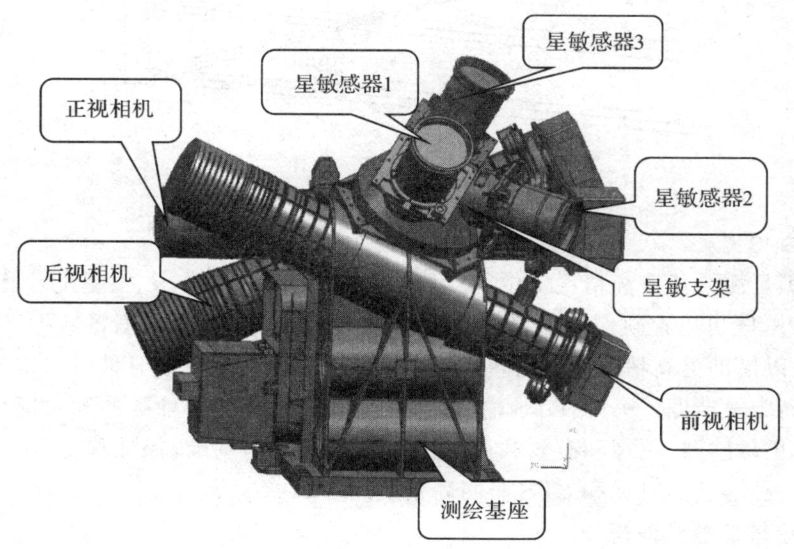

图 4.2　测绘相机主体

2. 多光谱相机

多光谱相机地面像元分辨率为 10 m,可提供地面景物的四谱段多光谱影像。其影像用于确定主要地物的物理属性。同时,通过多光谱影像与全色影像的融合处理,可以生成彩色正射影像产品。

3. 高分辨率相机

该相机分辨率为 2 m,采用时间延迟积分 CCD(time delayed and integration-CCD,TDI-CCD)器件,视场角约 7°,可提供幅宽为 60 km 的全色地面景物图像。主要用于提高地图信息的完整性,增强对地物详细、准确的判读能力,以及实现 1∶2.5万比例尺地形图修测。该相机采用离轴三反、无中心遮拦、无中间像的光学系统。光学系统设计为像方准远心光路,包括主镜、次镜和三镜等三块非球面镜,为了使光学系统结构设计得更为紧凑,具有好的结构稳定性,在像面和三镜之间加入一块平面反射镜,起调焦和折叠光路的作用。光学系统结构如图 4.3 所示。

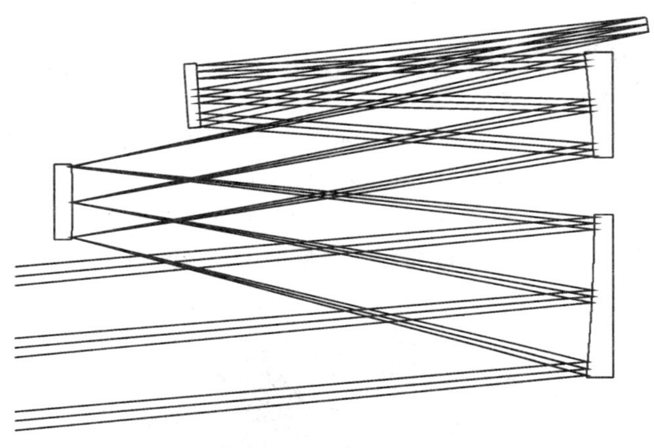

图 4.3 光学系统结构

4. GPS

为满足测绘任务高精度定位、高时间同步精度等特殊需求,卫星配置有两台测量型 GPS,既可以在轨实时高精度定位,同时又可将 GPS 原始测量数据下行到地面用户,以借助更高精度的精密星历,在地面完成对天绘一号卫星的二次定轨,进一步提高定轨精度。另外,GPS 输出高精度 GPS 时间硬件秒脉冲和时间信息,作为相机、星敏感器、陀螺和有效载荷相关信息源的时间基准,保证星上与有效载荷相关的各种信息的时标和 GPS 时间高精度同步。

5. 星敏感器和陀螺

为满足测绘任务对高精度姿态测量的特殊需求,星上配置三台高精度星敏感器,并通过测绘基座和测绘相机集成为一体。星敏感器一方面用于卫星的姿态控制，同时也作为测绘有效载荷的重要组成部分，用于高精度确定测绘相机测量坐标系三轴指向。另外，为满足用户地面对星敏数据内插及星敏陀螺联合定姿等需求，姿态敏感器陀螺的测量数据作为有效载荷数据下行到地面。

6. 数据传输系统

该系统负责接收、处理、记录、传输来自各相机的图像信息及GPS广播的原始测量数据。配置两台128 Gbit固态存储器和两路190 Mb/s数据传输通道，实现有效载荷数据的存储和传输。

4.2.2　卫星平台

天绘一号卫星平台部分包括八个分系统：结构和机构分系统、热控分系统、控制分系统、星务管理分系统、测控分系统、电源分系统、总体电路分系统、天线分系统。

(1)卫星结构采用三舱模块化设计方案，即有效载荷舱、平台服务舱和推进舱。卫星配置有双翼单轴对日定向、展开式、刚性太阳翼，每翼由三块太阳电池板组成，发射时折叠收拢压紧在卫星两侧，入轨后展开，单自由度对日定向。

(2)卫星热控采用以被动为主、辅以主动控制的方案，采用分舱、模块化、隔热、等温化设计，以保证星上设备在各种环境条件和工作模式下正常工作，同时满足相机和一些特殊设备的温差和温度稳定性要求。

(3)卫星姿态控制采用三轴稳定、对地定向、整星零动量设计方案，为满足测绘任务对姿态确定精度的特殊需求，星上配置三台高精度星敏感器，并通过测绘基座和测绘相机集成为一体，用于卫星姿态控制和高精度测绘处理。

(4)星务管理分系统是整星信息系统的核心，负责完成卫星的综合信息处理工作。它对星上各任务模块的运行进行高效可靠的管理和控制，监控全星状态，协调整星工作，与地面配合实现对有效载荷的各种在轨控制和参数传递、设置等。

(5)星地测控采用S波段非相干扩频以及分包遥测、遥控体制，测控系统定轨以S波段扩频为主，GPS为辅；卫星和地面应用定轨以GPS为主，S波段扩频为辅。

(6)卫星采用分散供配电体制。电源分系统采用太阳电池阵与蓄电池组联合供电方案，开关分流全调节母线，升压式放电控制，两阶段恒流充电体制。

(7)总体电路分系统任务是将卫星电源系统产生的一次电源施加控制和保护后，分配给星上各电子设备，主要包括配电器、电缆网、整星接地网和整星二次电源。

(8)天线分系统任务是有线信号与无线信号的转换，主要包括S波段测控天线系统、X波段数传天线和GPS天线。

第5章　地面系统总体设计

§5.1　概　述

天绘一号卫星系统工程地面系统是中国第一代传输型立体测绘卫星地面应用系统，该系统既有突出的测绘应用特点，也是典型的遥感成像卫星地面应用系统。此系统功能上可分为测绘应用和成像卫星应用两大部分。

数据接收、任务规划、数据管理服务和数据预处理这四个系统构成了一个典型的遥感成像卫星地面应用系统，具有天绘一号卫星摄影数据、卫星和传感器状态数据的接收、预处理能力，任务制定能力和数据存储与分发能力；可以提供标准的卫星影像产品，如辐射校正影像产品(1A级)、几何校正影像产品(2级)、精校正影像产品(3A级)。

控制定位与测图系统、摄影参数与影像特性检测系统具有明显的测绘应用特点。控制定位与测图系统是完成测绘任务的主体功能系统，该系统在任务规划系统的指挥调度下，根据全轨道GPS定轨数据、空间力学模型和参数实现高精度平台定位；根据星敏传感器数据、星载陀螺等参数实现高精度传感器定姿；以数据预处理系统生成的三线阵相机辐射校正产品(1A级)为数据源，实施像点立体量测，提供立体影像的像点坐标，在此基础上采用影像立体分割技术，对三线阵大影像和空中三角测量平差的计算成果，实施配套分割，形成1B级卫星影像产品；制作1∶5万比例尺数字高程模型、数字正射影像图和数字地形图等产品，以及进行1∶2.5万比例尺地物判绘和地形图的修测。摄影参数和影像特性检测系统负责在卫星发射前完成初始摄影参数的收集，在卫星在轨飞行期间，将定期或不定期地对卫星搭载的三线阵LMCCD相机、多光谱相机、高分辨率相机的摄影参数和影像特性进行动态检测，为高精度定位应用和生产高精度影像产品提供精确的摄影测量参数，以及传感器系统在实际工作状态下的辐射特性参数。

§5.2　系统的功能与组成

5.2.1　系统功能

天绘一号卫星地面系统负责完成天绘一号卫星数据的获取、接收、处理、管理、服务和应用。具体功能如下：

(1)任务规划和卫星有效载荷运行管理。

(2)接收卫星下传数据。

(3)对卫星下传数据进行预处理。

(4)数据的存储、管理和分发。

(5)卫星摄影系统主要参数检测和影像特性的标定。

(6)卫星影像的空中三角测量。

(7)测制 1∶5 万比例尺数字地形图、数字高程模型和数字正射影像地图。

(8)修测 1∶2.5 万比例尺数字地形图。

5.2.2　系统组成

天绘一号卫星地面系统从技术体系上划分为任务规划、数据接收、数据预处理、数据管理服务、控制定位与测图、摄影参数与影像特性检测等六个功能系统。地面系统的组成如图 5.1 所示。

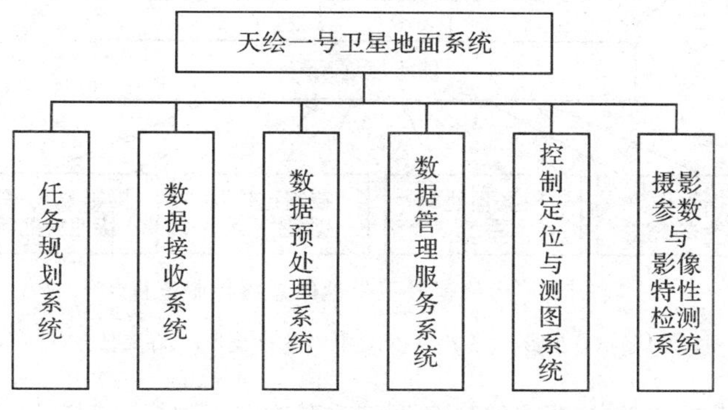

图 5.1　天绘一号卫星地面系统组成

(1)任务规划系统的主要任务是监视卫星有效载荷运行状态,制订卫星任务计划,监控和指挥调度地面应用系统的业务运行。

(2)数据接收系统包括数据接收中心和数据接收站,主要任务是依据任务规划系统下达的任务,接收与检查卫星下传的有效载荷数据和遥测数据。

(3)数据预处理系统的主要任务是对接收的数据进行成像处理、影像校正、质量评价与产品编目,生成各级影像数据产品。

(4)数据管理服务系统的主要任务是对各级各类数据进行存储管理,为后续测绘专业处理和其他用户提供分发服务。

(5)控制定位与测图系统的主要任务是实施精确控制加密,测制满足 1∶5 万比例尺精度要求的地理信息产品。

(6)摄影参数与影像特性检测系统的主要任务是检测卫星摄影系统的几何特性参数、影像的分辨率和影像的辐射特性。

§5.3 系统的技术流程

5.3.1 控制流程

天绘一号卫星地面系统的控制流程如图 5.2 所示。

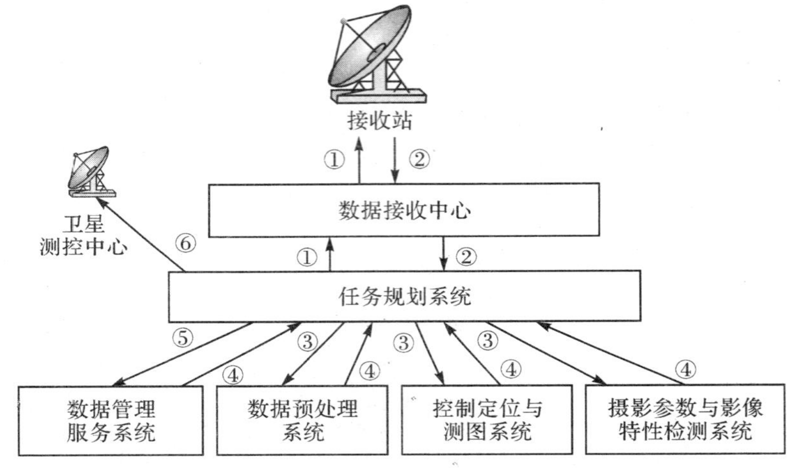

图 5.2 天绘一号卫星地面系统控制流程

注:①跟踪接收计划;②计划执行报告;③生产订单;④任务执行报告;⑤存储任务;⑥有效载荷控制指令。

任务规划系统作为全系统的任务调度和控制协调中心,负责任务规划、制订任务计划或产品生产订单,并组织实施。

1. 数据接收控制流程

任务规划系统制订的跟踪接收计划首先发送到数据接收中心,然后由数据接收中心发送到相应的接收站。接收站完成跟踪接收任务后,将计划执行报告上报到数据接收中心,再由数据接收中心反馈到任务规划系统。

2. 产品生产控制流程

任务规划系统根据任务要求制定生产订单,将生产订单发送到数据预处理、控制定位与测图、摄影参数与影像特性检测系统中;各业务系统根据生产订单要求组织生产,完成任务后,将任务的执行情况生成生产报告,上报到任务规划系统。任务规划系统根据产品生产情况,向数据管理服务系统下达存储任务指令,数据管理服务系统完成产品存储归档后,向任务规划系统上报任务执行情况。

3. 有效载荷控制流程

有效载荷控制指令由任务规划系统制定，发送至卫星测控中心，由卫星测控中心上注卫星。

5.3.2　数据流程

天绘一号卫星地面系统的数据流程如图 5.3 所示。数据管理服务系统是整个系统数据交换的中心。接收站接收到卫星数传的摄影数据后生成原始码流，然后将原始码流数据和遥测数据传送到数据接收中心，数据接收中心进行现场处理生成原始影像数据和辅助测量数据并传送至数据预处理系统，数据预处理系统处理后生成 0 级和 1A 级产品并发送到数据管理服务系统进行存储管理；数据预处理系统、控制定位与测图系统根据任务规划系统下达的生产订单，从数据管理服务系统获取相应的数据分别完成 2 级和 3A 级、1B 级和 3B 级产品的生产，并将生成的产品发送给数据管理服务系统进行存储管理。

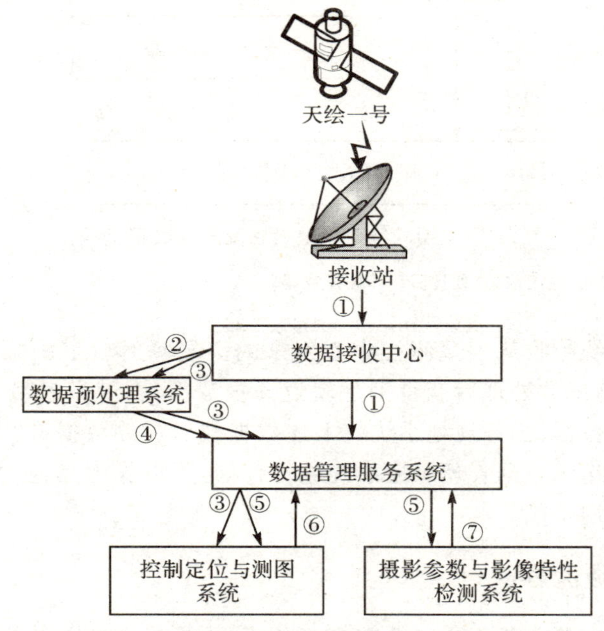

图 5.3　天绘一号卫星地面系统数据流程

注：①原始码流数据；②原始影像数据；③辅助测量数据；④0/1A/2/3A 级影像产品；⑤1A 级影像产品；⑥1B/3B 级影像产品；⑦摄影系统参数检测结果。

地面系统的测控数据流程如图 5.4 所示，任务规划系统的有效载荷控制指令通过卫星测控中心上注到天绘一号卫星。卫星遥测数据通过卫星测控中心和地面接收站接收，卫星测控中心接收的遥测数据经卫通链路或地面网传输至任务规划系统，由任务规划系统进行实时挑点处理；地面站在采用地面网或卫星通信与接收中心通信时，接收的遥测数据经数据接收中心实时传送至任务规划系统，由任务规划系统进行实时选点处理；地面站在采用介质传输数据时，将接收的遥测数据生成文件，在接收完成后通过介质传送至数据接收中心，由数据接收中心发送到任务规划系统进行事后处理。

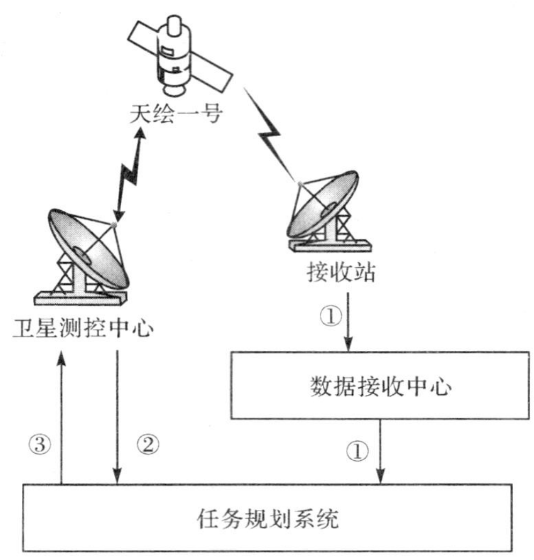

图 5.4 天绘一号卫星地面系统测控数据流程

注：①遥测数据；②遥测数据(处理后)；③遥控数据。

任务规划系统接收从卫星测控中心发来的卫星瞬时轨道根数及星地时差数据，并对瞬时轨道根数处理后获得卫星轨道预报数据；在卫星过境 12 h 内获取卫星事后精密轨道数据；任务规划系统将上述数据及对遥测数据进行挑点处理后获得的遥测参数发送至数据管理服务系统进行存储，可以作为其他功能系统获取辅助测量数据的备用手段。

5.3.3 业务流程

地面系统的主要业务流程包括常规业务流程、摄影系统参数检测流程。其中常规工作流程又可细分为摄影数据传送任务流程及产品生产流程。

1. 常规业务流程

(1)摄影数据传送任务流程。

摄影数据传送任务是地面应用系统的主体任务之一，负责影像数据的摄影、接收和传输，是其他任务执行的基础。地面系统摄影数传任务流程如图 5.5 所示。

图 5.5 摄影数传任务流程

——任务规划系统首先接收数据管理服务系统提交的摄影请求，获取摄影目标信息，以此为依据，根据从测控系统获得的轨道根数进行摄影目标匡算，确定一定时间段内可摄影的目标和时间，生成气象预报请求发送到气象部门，并接收气象部门回传的摄影目标区域的气象预报数据。同时，进行跟踪预报计算，确定数据接收系统各接收站的跟踪接收圈次和时间段。

——任务规划系统依据获得的一定时间段内可摄影的目标和时间、目标区域的气象信息、数据接收系统各接收站的可用跟踪接收圈次和时间段等信息，编制有效载荷控制指令和跟踪接收计划。

——任务规划系统将有效载荷控制指令按照协议格式封装成有效控制注入数据发送申请发送到测控系统，由其上注卫星执行对指定目标区域的摄影，获取目标区域的影像数据。同时，将跟踪接收计划发送给数据接收中心，由其发送给数据接收站，组织引导各接收站接收卫星下传的影像数据。

——数据接收系统各接收站接收到卫星下传的影像数据后，将原始码流数据传送至接收中心，数据接收中心对原始码流数据进行成像处理，生成原始影像文件、辅助数据文件和全轨道 GPS 数据文件，并将输出数据传送至预处理系统；数据接收中心在数据接收任务完成后，将原始码流数据文件通过离线方式提交数据管理服务系统。数据接收系统各接收站传送数据完毕后通知任务规划系统，至此，摄影数传任务完成，由任务规划系统组织相应的数据归档和影像产品生产。

(2)产品生产流程。产品生产任务是数据预处理系统、控制定位与测图系统和数据管理服务系统的主要业务，但此项任务要在任务规划系统的统一调度下执行。产品生成任务流程如图 5.6 所示。

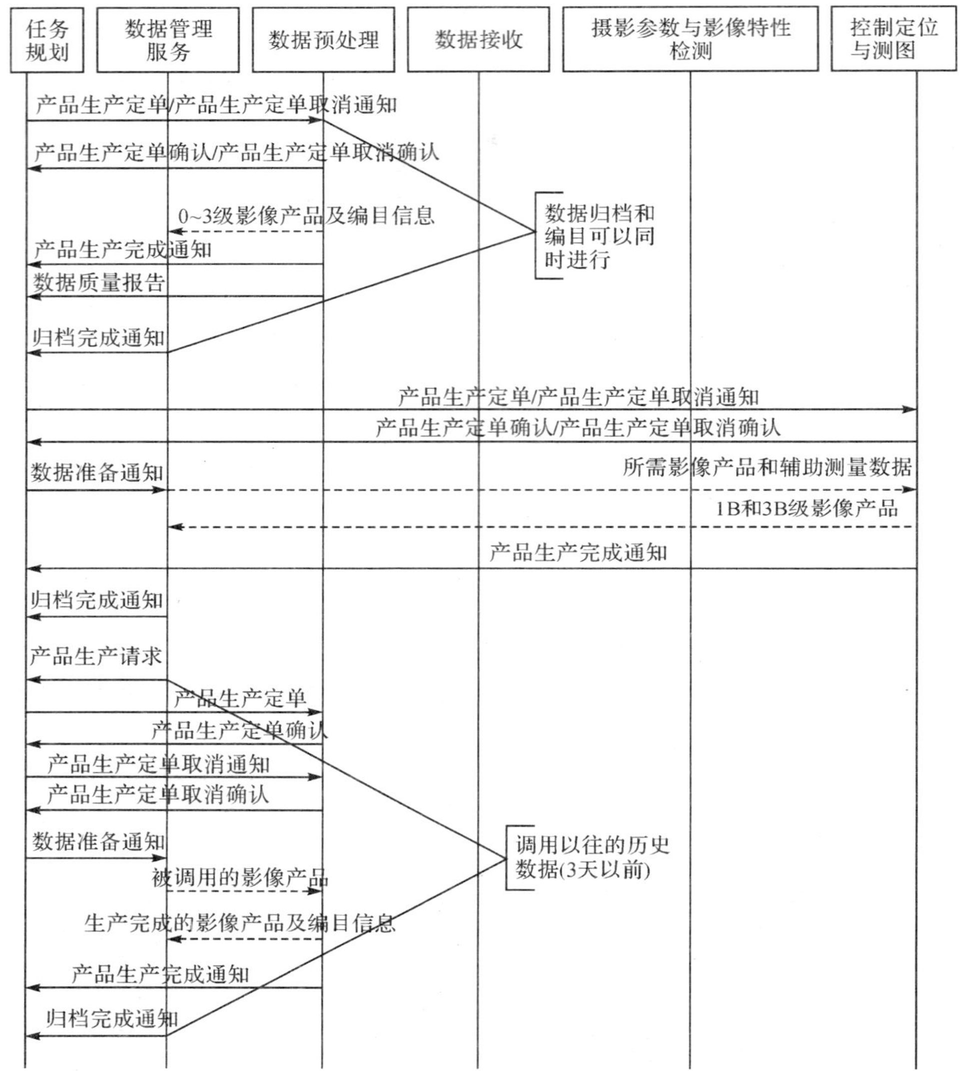

图 5.6 产品生产流程

摄影数据传送流程完成后，任务规划系统下达 1A 级产品生产定单给数据预处理系统，通知其进行影像产品的生产。数据预处理系统 1A 级影像产品生产完成后，将影像产品和编目信息回送到数据管理服务系统进行存储管理，回送完成后通知任务规划系统产品生产完成，同时将数据质量报告也发送给任务规划系统，以便任务规划系统掌握产品生成状况。然后,数据管理服务系统进行相应的影像产品和编目信息的归档,数据管理服务系统归档完成后通知任务规划系统,以示产品生成归档任务的结束。

由于 1B 级、2 级、3 级影像产品并非全部生成,当用户查询数据管理服务系统归档的影像产品时发现只有其关心区域的低等级影像产品,而无其所需区域的高等级影像产品时,数据管理服务系统据此生成产品生产请求发送给任务规划系统,任务规划系统相应地发送数据准备通知给数据管理服务系统通知其准备数据。数据管理服务系统数据准备完成后,由数据预处理系统进行 2 级、3A 级影像产品生产,由控制定位与测图系统进行 1B 级、3B 级影像产品生产。生产完成后的产品回送到数据管理服务系统进行存储管理,回送完成后通知任务规划系统产品生产完成。

2. 摄影系统参数检测业务流程

地面系统的摄影系统参数检测工作流程如图 5.7 所示。

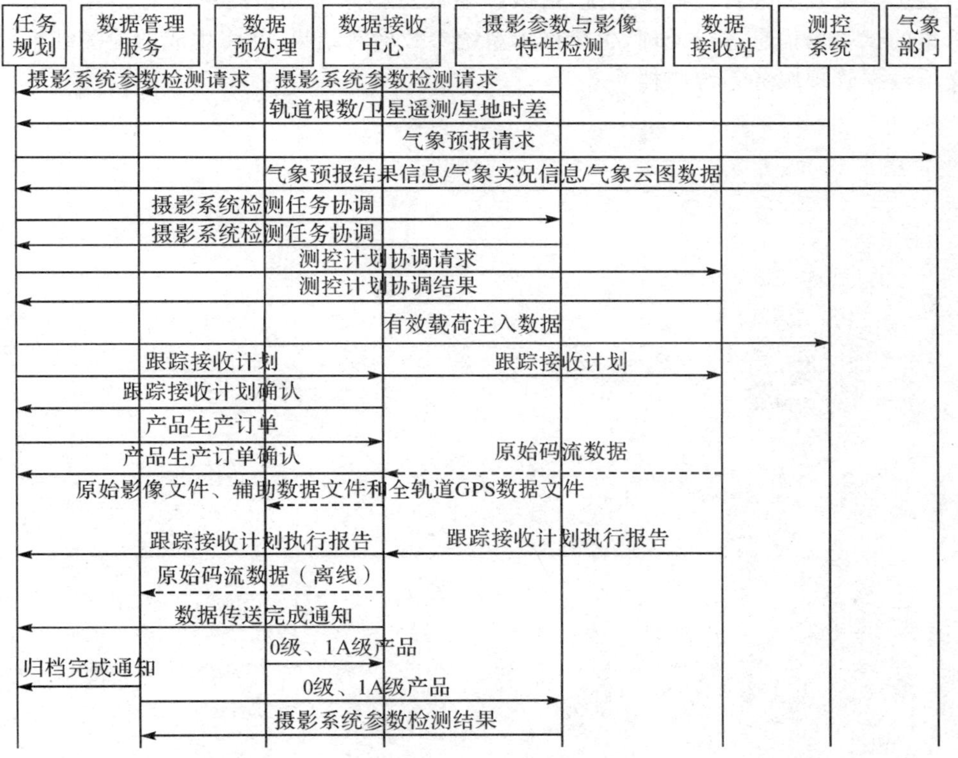

图 5.7　摄影系统参数检测工作流程

任务规划系统首先接收数据管理服务系统提交的摄影系统参数检测请求,获取摄影目标信息,以此为依据,根据从测控系统获得的轨道根数进行摄影目标匡算,确定一定时间段内可摄影的目标和时间,生成气象预报请求发送到气象部门,并接收气象部门回传的摄影目标区域的气象预报数据。根据摄影系统参数检测所需的目标区域位置、摄影时间、摄影参数与影像特性检测系统就靶标布设与摄影计划进行协调,确定后编制有效载荷控制指令和跟踪接收计划。任务规划系统将有效载荷控制指令按照协议格式封装成有效控制注入数据发送申请发送到测控系统,由其上注卫星执行对指定目标区域的摄影,获取目标区域的影像数据。同时,将跟踪接收计划发送给数据接收中心,由其发送给地面接收站,组织引导数据接收系统各接收站接收卫星下传的影像数据。

数据接收系统各接收站接收到卫星下传的影像数据后,将原始码流数据传送至接收中心,数据接收中心汇集原始码流数据后进行成像处理,并将产品输出数据传送至数据预处理系统;数据预处理系统对接收到的数据进行处理后生成 0 级、1A 级影像产品,提交数据管理服务系统进行归档;数据管理服务系统将产品提供给摄影参数及影像特性检测系统,由摄影参数及影像特性检测系统对影像产品与采集的试验场信息进行处理,生成摄影系统参数检测结果,并将生成的检测结果提交给数据管理服务系统归档。

第6章　任务规划

§6.1　概　述

任务规划是天绘一号卫星地面应用系统的重要组成部分，主要任务是监视卫星有效载荷，制订卫星任务计划，监控和指挥调度数据接收、数据预处理、数据管理服务、摄影参数与影像特性检测、控制定位与测图等系统以及任务规划系统内部的设备和业务运行状态。具体包括以下任务项：

(1)编制卫星摄影、数传计划和地面系统工作计划。

(2)生成有效载荷控制指令。

(3)生成全轨道GPS数据下传控制指令。

(4)监视卫星有效载荷运行状态，并配合卫星系统完成卫星异常状态下的处理工作。

(5)指挥调度数据接收、数据预处理、数据管理服务、摄影参数与影像特性检测、控制定位与测图等系统以及任务规划系统内部的业务运行。

(6)监控数据接收、数据预处理、数据管理服务、摄影参数与影像特性检测、控制定位与测图等系统主要设备和业务运行状态；监控任务规划系统本身内部的设备和业务运行状态。

(7)向数据管理服务系统提供工程测控参数(卫星轨道预报数据、精密轨道数据、星地时差、有效载荷部分遥测参数)。

(8)管理任务规划的业务信息(指令、计划、遥测、轨道、监控以及工作日志等)。

(9)负责整个环境设备的建设并进行集中控制，支持业务运行过程中信息的集中显示、监视工作环境状况。

(10)具备与测控中心、气象中心的外部通信接口。

(11)接收GPS和北斗导航系统的授时信号，为地面应用系统提供时统服务。

根据设计要求采用多层分布式应用系统技术实现框架，集成面向对象技术、组件技术、分布式构件模型和关系数据库等技术，建立由计划管理、有效载荷管理、指挥调度与监控、基础支撑等四部分组成的面向典型航天测绘应用的任务规划系统。

§6.2 计划管理

6.2.1 主要任务

计划管理分系统负责制订卫星摄影计划和有效载荷控制计划，同时编制地面站跟踪接收计划，计划执行完毕后进行卫星计划质量评定。

6.2.2 功能组成

计划管理分系统由任务信息管理、计划编制、气象保障、地图资源管理、仿真推演、轨道计算、计划质量评定、综合信息显示等部分组成。主要功能包括：

(1)基础信息管理与维护。

(2)轨道数据接收与预报计算处理。

(3)气象信息请求与预报结果处理。

(4)摄影计划编制与冲突消解。

(5)卫星运行显示与计划仿真推演模拟评估。

(6)摄影计划执行与质量评定。

6.2.3 业务流程

计划管理的技术流程如图 6.1 所示。

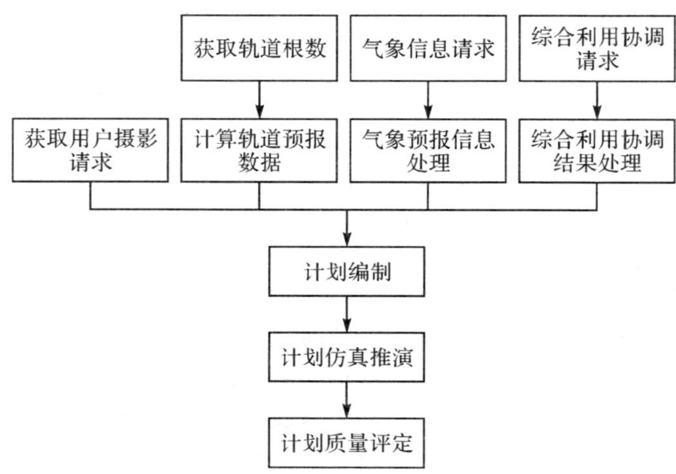

图 6.1 计划管理技术流程

具体流程如下：

（1）获取用户的摄影请求信息，并录入数据库进行管理。

（2）从测控系统获得轨道根数数据，进行轨道预报计算处理。

（3）针对拟摄影区域生成气象信息请求发送给气象中心，并对接收的气象预报信息进行区域分解、时间匹配、预报信息获取等处理。

（4）发送综合利用协调请求，获取综合利用外站的协调结果。

（5）依据摄影请求信息、轨道预报信息、气象预报信息、综合利用外站协调信息以及卫星载荷约束等条件，编制卫星的摄影计划、有效载荷控制计划、跟踪接收计划。

（6）以二维平面地图和三维数字地球为背景，仿真推演计划执行过程。

（7）对计划执行情况进行质量评定，判断图像质量、量化计算图像摄影对准精度，生成质量评定报告。

§6.3　有效载荷管理

6.3.1　主要任务

有效载荷管理分系统负责编制有效载荷控制指令，通过通信网络传送给测控系统上注执行；同时，负责接收、处理显示卫星遥测数据，监视卫星有效载荷运行状态。

6.3.2　功能组成

有效载荷管理分系统主要由指令编制、遥测处理与显示、通信控制、遥测解密、有效载荷模板管理等部分组成，主要功能包括：

（1）维护遥控指令表。

（2）编制有效载荷控制指令数据。

（3）发送遥控指令或注入数据到西安测控中心。

（4）处理并显示卫星的遥测数据。

（5）管理与西安测控中心和数据接收中心信息交换。

6.3.3　业务流程

1. 指令编制及发送流程

指令编制及发送的工作流程如图 6.2 所示。

具体流程如下：

（1）接收由计划管理下发的有效载荷控制计划。

（2）对有效载荷控制计划进行处理，生成有效载荷控制指令数据，验证正确后录入数据库；或者直接手工编辑生成有效载荷控制指令数据，录入数据库。

(3)有效载荷控制指令通过 VAST 链路发送到卫星测控系统，完成有效载荷控制指令数据的上行。

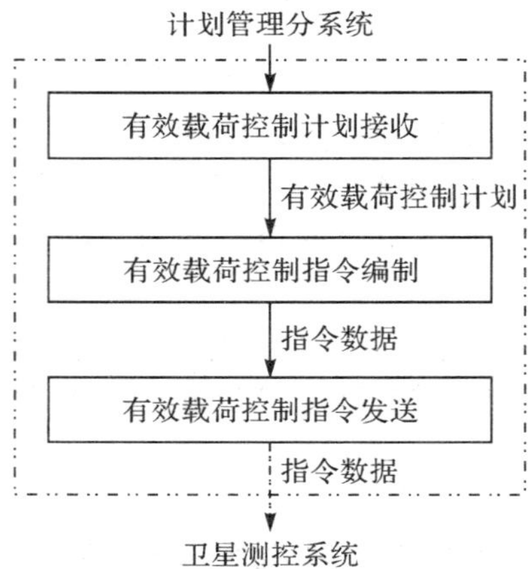

图 6.2 指令编制及发送工作流程

2. 遥测数据处理流程

遥测数据处理的工作流程如图 6.3 所示。

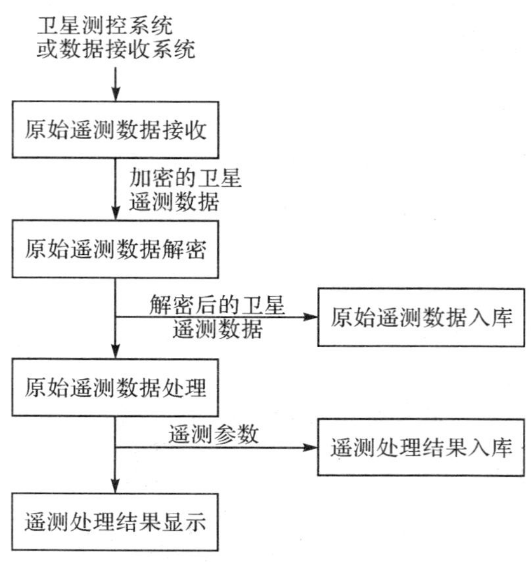

图 6.3 遥测数据处理工作流程

具体流程如下：

(1)接收卫星测控系统或数据接收系统的各路遥测数据。

(2)对遥测数据进行解密处理,并将解密后的原始数据存入原始数据记录库。

(3)对解密后的原始遥测数据进行处理,按照遥测参数的分类将遥测处理反演后的遥测物理量进行显示,并提供数据超限后的报警信息。

(4)将处理后生成的遥测参数录入到遥测数据库中进行保存。

§6.4　指挥调度与监控

6.4.1　主要任务

指挥调度与监控分系统负责对摄影任务安排、影像数据接收、数据传输、产品生产、数据管理服务、摄影参数与影像特性检测等业务进行全面调度与控制,并监控主要业务设备运行状态和整体业务运行状态。

6.4.2　功能组成

指挥调度与监控分系统主要由指挥调度和系统监控两部分组成,主要功能包括:

(1)组织协调地面应用系统各功能系统完成摄影数传、产品生产、产品归档等任务,记录显示业务流程执行情况。

(2)自动处理收发交互文件并记录日志,对文件收发信息登记管理。

(3)查询统计、显示打印业务交互文件,对重要事件报警提示。

(4)对地面应用系统的任务规划、数据接收、数据预处理、数据管理服务、摄影参数与影像特性检测和控制定位与测图等六个功能系统的主要设备运行状态进行监视,并通过数据接收中心对各地面站的主要设备运行状态进行监视。

(5)对地面应用系统业务流程的执行过程和当前状态进行监视。

6.4.3　业务流程

1. 指挥调度业务流程

指挥调度的工作流程如图 6.4 所示。

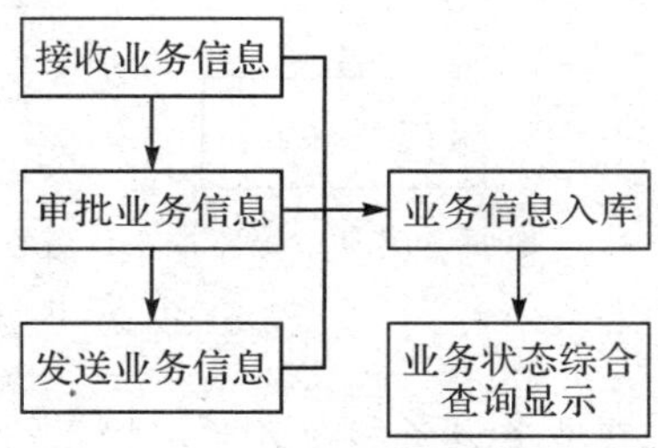

图 6.4　指挥调度工作流程

具体流程如下：

(1)对接收到的业务信息文件按名称、类型进行分类、入库。

(2)解读业务信息文件,完成审批、发送处理,并及时更新文件记录信息状态。

(3)对业务运行产生的业务信息进行综合查询统计。

2. 系统监控业务流程

状态监视软件通过网络通信手段,从网络上连接到任务规划系统内部所有要监控的设备,收集设备的工作状态数据,直接反映到任务规划系统监控席位,以图表方式反映整个系统的工作状态。

对于任务规划系统外部的其他系统,由该系统自己完成本系统的设备级监控和系统级监控,并按规定的接口协议要求把监控信息上报任务规划系统全系统监控台位和业务运行监控与仿真台位。在系统正常工作状态下,接收地面应用全系统监控软件轮询请求并向任务规划系统上报监控信息。如果设备出现故障,则实时上报。

系统监控分系统的业务流程按照席位设置分为全系统监控工作流程、任务规划系统监控工作流程和业务运行监控与仿真工作流程。

系统监控工作流程如图 6.5 所示。

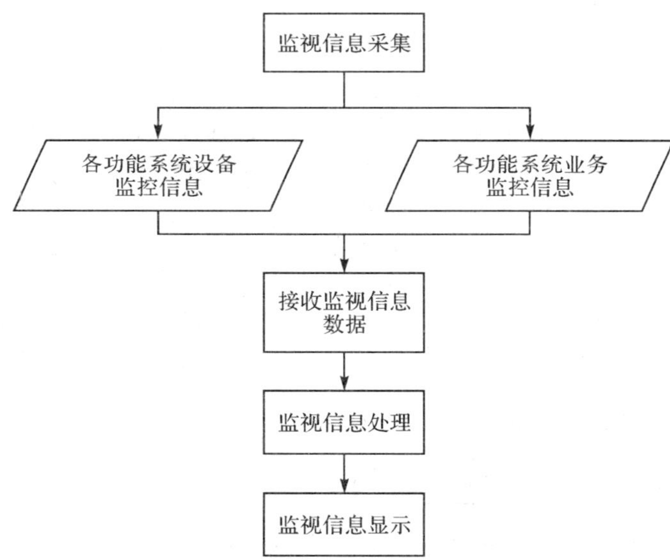

图 6.5 地面应用全系统监控工作流程

具体流程如下：

(1)采集各功能系统主要业务设备和业务运行状态的监控信息。

(2)接收采集到的监视信息数据。

(3)对接收到的监视信息数据进行处理,对异常信息进行报警。

(4)按要求对设备工作状态、业务软件运行状态、系统运行情况等监视信息进行显示。

§6.5　基础支撑

6.5.1　主要任务

基础支撑分系统负责存储管理任务规划系统内部业务数据,维护管理地面应用系统通信网络、时统信息以及业务运行过程中各类信息的集中显示与控制。

6.5.2　功能组成

基础支撑分系统由信息管理、通信网络、时统、综合显控四部分组成。主要功能包括:

(1)统一管理任务规划系统数据库空间,实现用户管理、角色管理、权限管理及数据库审计,维护管理审计记录。

(2)提供地面应用系统高速数据传输的网络保障,具有防火墙安全防护能力、网络入侵检测能力和防病毒能力。

(3)利用 GPS 或北斗信号产生时统,保障运行控制管理中心的时钟统一。

(4)构建大屏幕投影显示、音响扩声、视频监视、视频会议等业务运行保障环境。

1. 信息管理技术体制

信息管理部分负责任务规划系统内部业务数据的存储和管理。本系统采用客户端—服务器体系结构,数据资源在数据库服务器集中存储,减少了数据冗余;服务器硬件设计上采用双机互备的方式,确保系统稳定可靠地工作。

2. 通信网络设备

通信网络分层设计、构建,分为核心交换层和分系统接入层,采用星型拓扑结构。考虑到数据的流向主要是以数据管理服务系统为中心,所以在数据管理服务系统配置一台核心交换机,其他系统配置接入层交换机,通过万兆光纤连接核心交换机和接入层交换机;此外考虑到数据管理服务系统和数据预处理系统流量较大,采用两条万兆光纤连接,增加了一倍的数据传输速率,实现了负载均衡。此外配置卫通、接入路由器等通信设备,以及防火墙、入侵检测、防病毒等网络安全相关设备。天绘一号地面应用系统网络拓扑结构如图 6.6 所示。

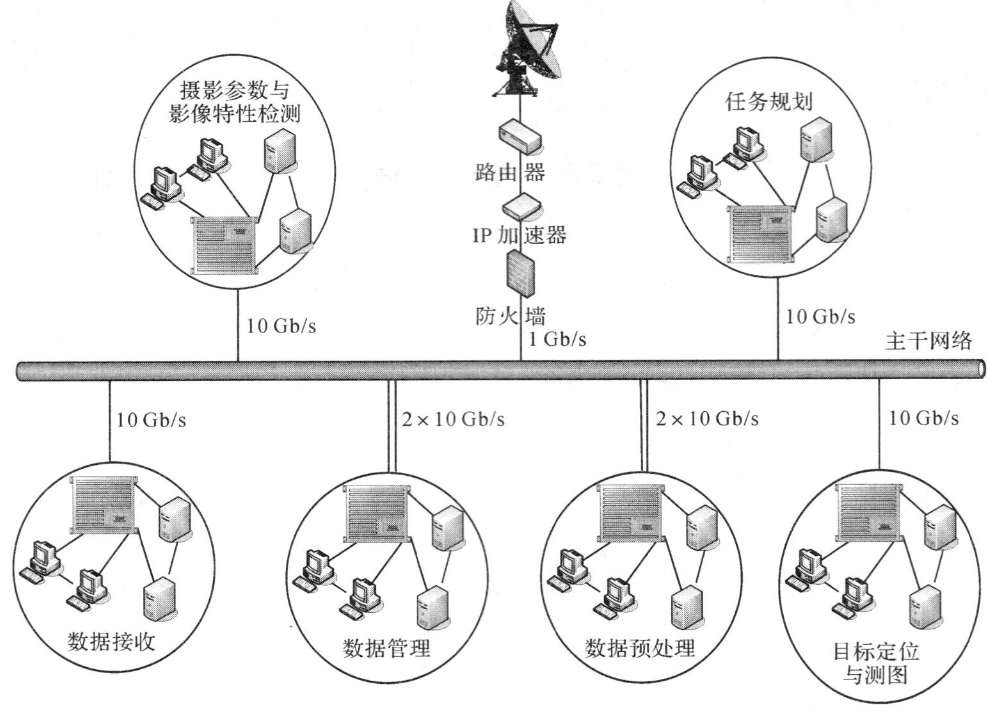

图 6.6　通信网络拓扑结构

3. 时统设备

时统设备由时频终端、时间服务器、时间客户端三部分组成，如图 6.7 所示。

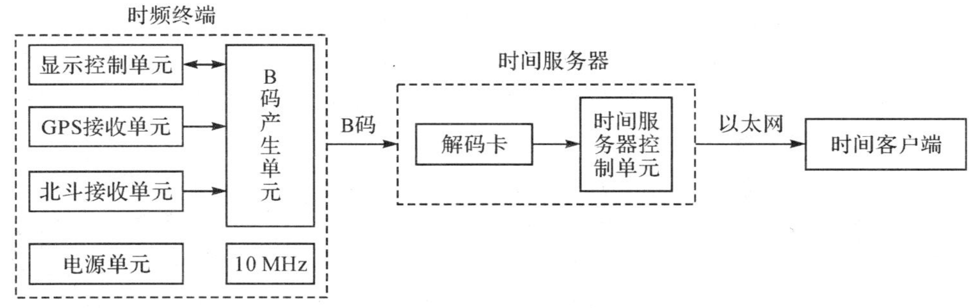

图 6.7　时统设备组成

其工作流程如下：

(1)时统系统的时频终端接收 GPS 或北斗的串行时间信息及 1×10^{-6} s 信号，完成 IRIG-B(DC)码信号生成并送出。

(2)时间服务器解码卡解算 B 码信号取得时间信息送给时间服务器控制单

元，为本服务器校正时间。

(3)时间服务器通过以太网向时间客户端进行网络授时。

4. 综合显控设备

综合显控设备支持业务运行过程中信息和立体测绘影像的显示以及音响扩声，同时负责监视工作环境状况、组织召开视频会议，并对整个显控环境设备进行集中控制。

综合显控包括立体影像投影显示、音响扩声、视频监视、视频会议等系统设备。立体影像投影显示设备实现立体影像投影显示需求，包括高分辨率显示、多屏幕无缝融合显示、立体仿真图形显示、多路计算机信号及视频信号实时开窗口显示等多种显示模式；音响扩声设备实现领导指挥调度、会议研讨、视频会议三大扩声需求；视频监视设备实现任务规划系统显示大厅、运行控制机房、数据库服务器机房、卫星通信机房以及各组成系统的中心工作机房等工作环境的实时监视监看，并满足防盗录像、视频会议多点视频信号采集等视频捕捉需求；视频会议设备实现地面应用系统内部和各组成系统工作人员组织、召开视频会议的需求，可以实现点对点、一点对多点、多点之间的视频和语音会议。

第 7 章　数据接收

§ 7.1　概　述

数据接收作为地面应用系统的重要组成部分，其主要任务是在任务规划系统的指挥下，组织调度各接收站完成天绘一号卫星下传的各类数据的接收，对接收站接收到的数据进行汇总和成像处理，并将其传输到数据管理服务系统和数据预处理系统等。具体包括以下任务项：

(1)根据任务规划系统下发的接收计划和轨道根数，组织调度各数据接收站对卫星进行捕获跟踪，接收卫星下传的原始码流数据。

(2)对同一次摄影任务获取的原始码流数据进行汇集，完成同步、解扰、解密、解压、快视、数据筛选与质量评估。

(3)将原始码流数据传送到数据管理服务系统，将原始影像数据传送到数据预处理系统，将遥测数据传送至任务规划系统。

(4)在接收任务完成后向任务规划系统汇报任务执行情况。

根据设计要求数据接收系统包括数据接收中心和数据接收站。

§ 7.2　数据接收中心

7.2.1　主要任务

数据接收中心是天绘一号卫星地面应用系统数据接收系统中的一个重要组成部分，主要是根据任务规划系统的接收规划，统一调度数据接收站完成天绘一号卫星的数据接收任务，同时负责原始码流数据文件的汇总存储和管理，集中统一完成不同摄影任务的数据解密、解压、格式处理、快视、成像等处理，生成预处理系统需要的影像数据。

数据接收中心还完成对整个天绘一号卫星数据接收系统所有设备的集中监控；向任务规划系统提交数据接收系统的运行状态信息；对整个数据接收系统的设备状态和业务运行状态进行综合显示。

7.2.2　功能组成

数据接收中心主要由运行管理、数据汇总存储、数据成像处理和通信设备等部分组成。主要功能包括：

（1）接收任务规划系统下发的数据接收计划和轨道根数，向数据接收站发送数据接收计划和轨道根数。

（2）协调调度数据接收站完成数据接收任务，并向任务规划系统上报任务执行情况。

（3）接收、存储数据接收站接收的原始码流数据。

（4）接收、存储数据接收站的遥测数据并传送到任务规划系统。

（5）根据接收计划和摄影计划信息，对一次完整的摄影任务原始码流数据进行汇集、编目，并通过离线方式提交数据管理服务系统。

（6）对原始码流数据进行成像处理（同步、解扰、解密、解压、解格式、快视与质量评估），生成原始影像文件、辅助数据文件和全轨道 GPS 数据文件，并将输出数据传送至预处理系统。

（7）对数据接收中心和数据接收站进行状态监控和故障报警，向任务规划系统提交数据接收系统的运行状态信息；对整个数据接收系统设备和业务运行状态进行综合显示。

（8）具备与数据接收站的通信接口。

（9）具备在线和离线两种方式接收外来数据文件的能力。

7.2.3　业务流程

数据接收中心的技术流程如图 7.1 所示。

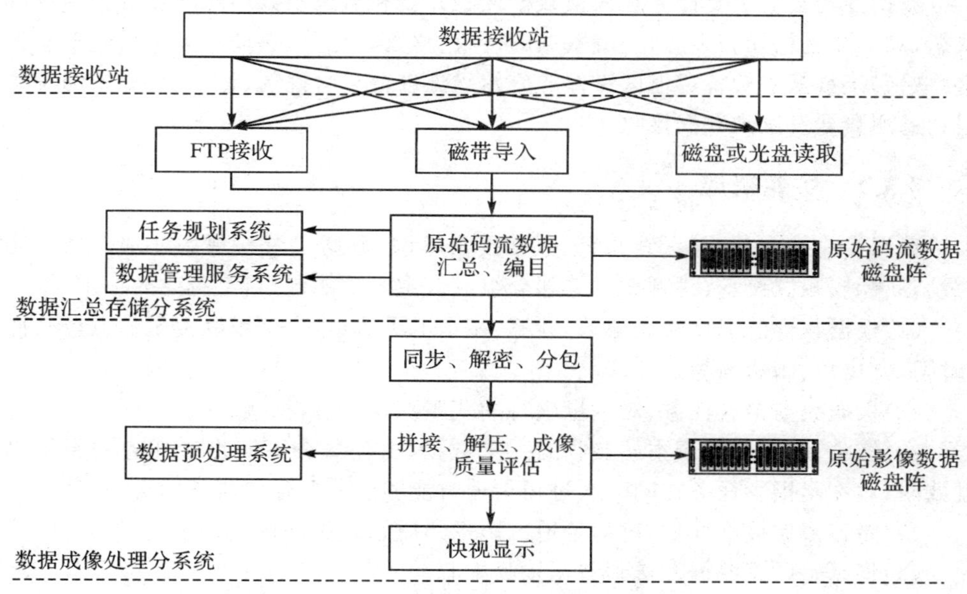

图 7.1　数据接收中心技术流程

具体流程如下：

(1)数据接收站接收的原始数据通过 FTP 网络方式或者以离线磁带磁盘的方式导入数据接收中心。

(2)数据汇总存储设备对来自不同接收站的数据按照摄影任务信息进行汇总和编目管理，最后将整编后的数据保存在原始数据磁盘阵上，并通过离线方式提交数据管理服务系统；对于遥测数据实时转发给任务规划系统。

(3)解密设备数据通过 NAS 网络直接到原始码流磁盘阵中读取数据进行帧同步格式化处理，将格式化后的比特数据流传输到解密去压缩设备；对数据进行解密解压处理后输出并行比特流到数据成像处理设备。

(4)数据成像设备对解密解压后的数据进行成像处理，生成原始影像数据并提交给数据预处理系统，同时输出像素行到图像快视设备，处理完成后将数据质量评估信息发送到运行管理分系统。

(5)图像快视设备分别对三线阵、小面阵、多光谱、高分辨图像数据进行实时快视显示。

§7.3 数据接收站

7.3.1 主要任务

数据接收站的主要任务是根据数据接收计划和轨道根数产生跟踪卫星的点位数据，对卫星进行捕获跟踪，完成数据的接收、解调和记录；自动区分不同摄影任务的原始码流数据并对特定地区影像的原始码流进行实时挑选、记录；将原始码流数据和遥测数据发送到数据接收中心。

7.3.2 功能组成

数据接收站由 12 m 天线跟踪、数据接收解调、数据记录与现场处理、站管、通信设备、标校测试设备、时频设备等部分组成。主要功能包括：

(1)根据收到的卫星轨道根数，计算、显示卫星轨道，产生跟踪卫星的点位文件(时间、方位角、俯仰角等)。

(2)根据数据接收任务，对卫星进行捕获跟踪，完成数据接收任务。

(3)接收、解调和记录本站接收的卫星数据，自动区分不同摄影任务的原始码流数据；对不同摄影任务在同一次过顶传输时能够区分并存储成不同文件。

(4)能够根据接收计划，对特定地区影像的原始码流进行实时挑选、记录。

(5)将原始码流数据发送到数据接收中心。

(6)接收卫星下传遥测数据并发送到数据接收中心。

(7)对星地下行链路进行在线信道误码率统计。

(8)站内具备时统设备,提供时间基准信号和 10 MHz 基准频率信号。

(9)利用测试模拟源完成设备的射频、中频自检,利用标校测试设备完成系统的测试标校,利用卫星模拟器完成对本站设备技术状态的检测。

(10)完成本系统的运行管理、设备监控和故障报警,并将监控信息上报数据接收中心。

(11)对本站标校和测试过程进行监控,并对标校、测试结果进行记录。

7.3.3　业务流程

数据接收站的工作流程如图 7.2 所示。

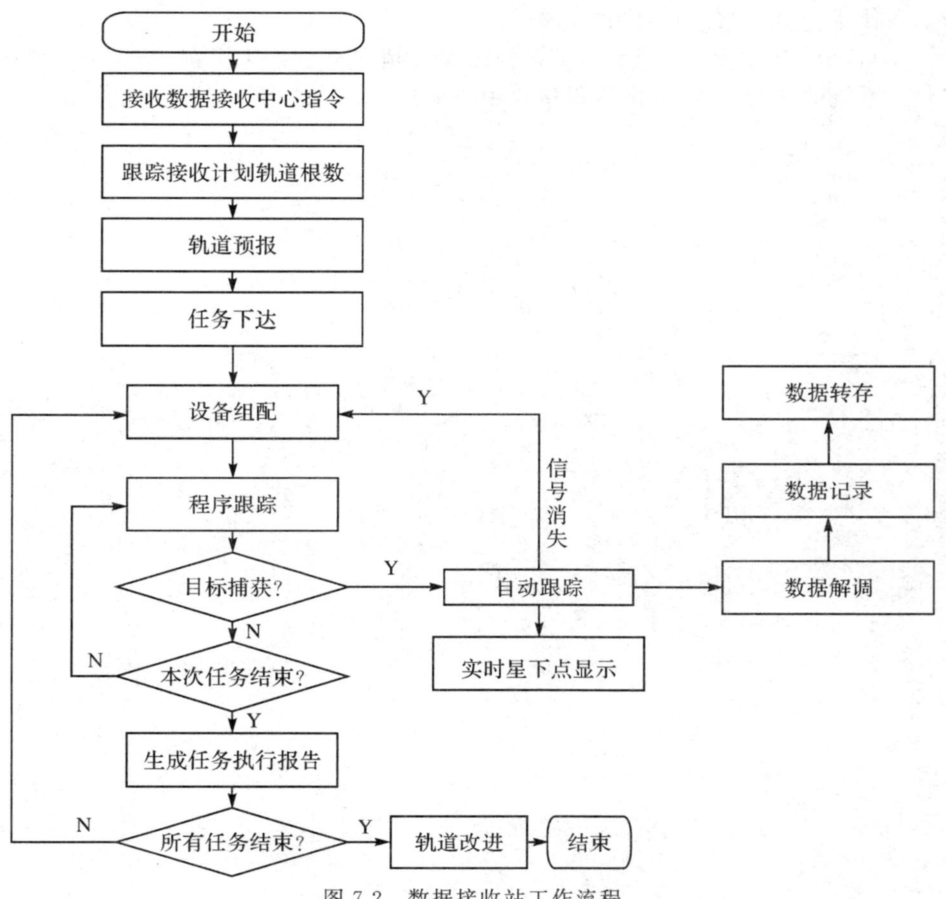

图 7.2　数据接收站工作流程

具体工作流程如下：

(1)在接收任务开始前系统进行任务准备，即由接收站监控设备根据跟踪接收计划信息对系统内的变频、解调、记录等设备自动进行设备组配和参数设置，同时将轨道预报数据发送到天线控制单元(ACU)，引导天线到预定位置等待。

(2)任务开始后天线进入程序跟踪，一旦捕获到卫星，则转入自动跟踪状态，接收解调和数据记录设备则对信号进行放大、变频、解调、数据记录和数据转存，同时站管分系统利用实时采集的天线测角数据进行星下点轨迹显示。

(3)在自动跟踪的过程中若因各种原因发生信号丢失的情况，天线系统会自动转入程序跟踪，再次对卫星进行捕获。

(4)卫星的一次过境任务执行完毕后生成任务执行报告(系统运行日志)并转入下次任务，直至所有任务执行完闭。

(5)整个任务执行期间，操作员可根据实际情况进行人工干预，站管分系统完成整个系统的运行监视，并向数据接收中心上报。

第 8 章　数据预处理

§8.1　概　述

数据预处理系统是天绘一号卫星地面应用系统的重要组成部分，主要任务是根据任务规划系统的指令，从数据接收系统取得原始码流数据，完成原始码流数据的去重拼接、成像处理、影像校正、质量评价与产品编目，生成各级卫星影像数据产品，并将生成的最终产品送交数据管理服务系统统一管理。具体包括以下任务项：

(1)接收任务规划系统发送来的产品生产任务订单，向任务规划系统返回产品生产完成通知和数据质量报告。

(2)从数据接收中心取得原始影像数据、相关辅助数据、全轨道 GPS 数据，编目后送交数据管理服务系统。

(3)对全轨道 GPS 数据进行处理，生成全轨道 GPS 参数，编目后送交数据管理服务系统。

(4)对辅助数据(摄影段 GPS 数据、星敏感器数据和陀螺数据)进行处理，生成辅助测量数据文件，编目后送交数据管理服务系统。

(5)从数据管理服务系统获取轨道预报数据、精密星历和星地时差。

(6)从数据管理服务系统取得相关数据，生产 0、1A、2、3A 级卫星影像产品，处理后并将产品送交数据管理服务系统。

(7)生成浏览影像和编目元数据。

(8)对各级影像产品进行云判、数据完整性检查，并具备构像和几何质量评价的能力。

(9)提供对业务流程的控制和人工干预功能，并向任务规划系统反馈任务状态。

(10)管理数据预处理系统所需的基础地理信息数据，包括控制点、数字地图和 DEM 数据。

(11)对本系统运行状态进行监控，并向任务规划系统提交本系统的运行状态信息。

根据设计要求，采用分布式技术、可插拔技术构建各级影像产品生产系统流程，建立由业务与数据管理、日常生产、订单生产、质量评价、系统监控、系统信息管理等部分组成的高效运行、可扩展性数据预处理系统。

§8.2 业务与数据管理

8.2.1 主要任务

业务与数据管理分系统主要负责接收订单，生成相关工作流程，然后根据工作流程生成相应的指令，分发给数据预处理系统内部的其他分系统，调度其他分系统完成一个完整的数据处理流程，并向任务规划系统反馈任务完成进度。

8.2.2 功能组成

业务与数据管理分系统主要功能包括：

(1)日常生产任务处理。

(2)订单生产任务处理。

(3)数据迁移。

(4)上报监控信息。

(5)上报日报和周报。

(6)流程控制。

(7)存储空间管理。

8.2.3 业务流程

1. 生产任务处理流程

生产任务处理流程包括日常生产任务处理流程和订单生产任务处理流程两部分，如图 8.1 所示。

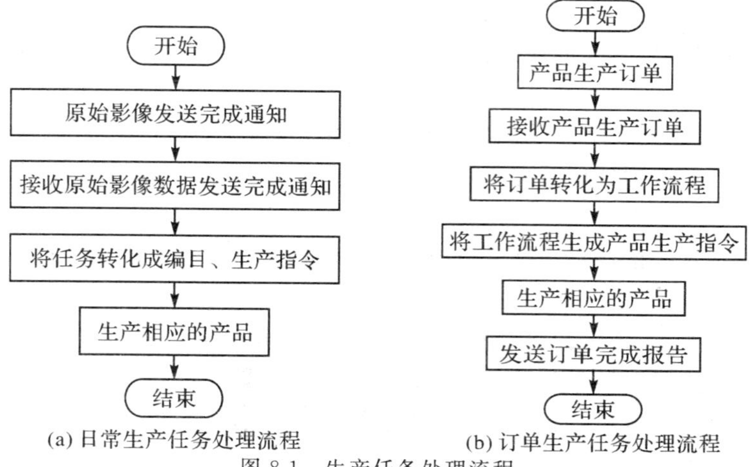

(a) 日常生产任务处理流程　　(b) 订单生产任务处理流程

图 8.1 生产任务处理流程

（1）日常生产任务处理流程为接收数据接收系统向数据预处理系统发送的原始影像数据及其发送完成通知，将任务转化成编目、生产指令，组织进行相应产品的生产。

（2）订单生产任务处理流程为接收任务规划系统发送的产品生产订单，转化为工作流程；将工作流程生成产品生产指令，组织进行相应产品的生产；在完成产品生产后向任务规划系统发送订单完成报告，并接收任务规划系统回传的订单完成确认报告。

2. 数据迁移流程

数据迁移是根据数据预处理系统的生产要求，向数据管理服务系统请求生产所需原始数据或发送完成的产品数据，数据迁移过程分为数据提取和数据存储两个过程，处理流程如图 8.2 所示。

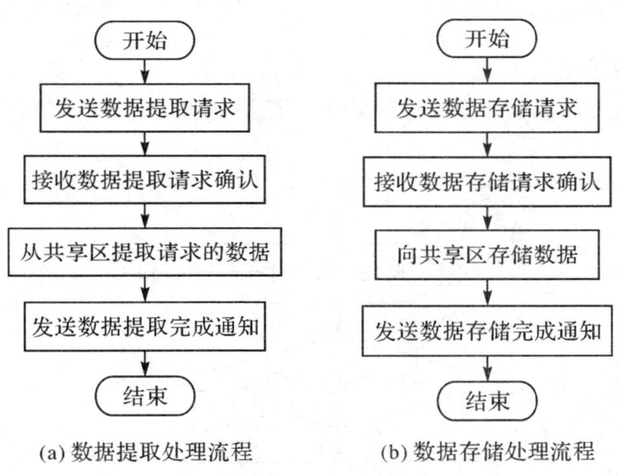

(a) 数据提取处理流程　(b) 数据存储处理流程

图 8.2　数据迁移流程

（1）数据提取。向数据管理服务系统发送数据提取请求，包含所需的产品和数据信息；接收到数据管理服务系统发送的数据提取请求确认，从共享区提取要求的产品和数据；完成提取操作后，向数据管理服务系统发送数据提取完成通知。

（2）数据存储。向数据管理服务系统发送数据存储请求，包含所需的存储区容量信息；接收数据管理服务系统发送的数据存储请求确认，向共享区存储数据或产品；完成存储操作后，向数据管理服务系统发送数据存储完成通知。

3. 信息上报流程

信息上报包括将监控信息、日报、周报上报至任务规划系统，处理流程如图 8.3 所示。

4. **流程控制**

可实现人工取消生产计划、更改订单状态、更改订单优先级、接收订单完成报告等操作。流程如图 8.4 所示。

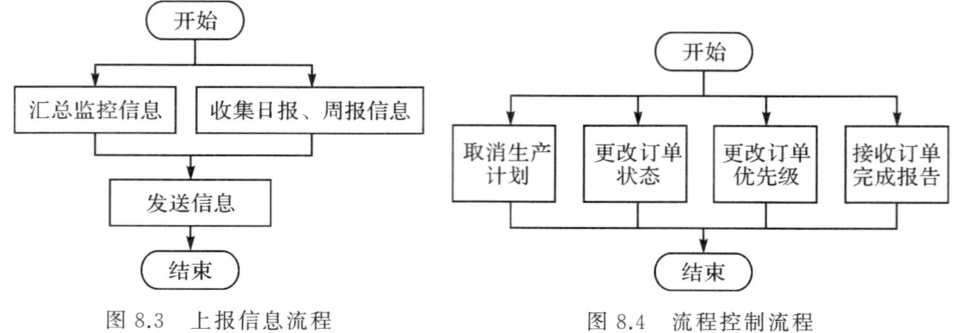

图 8.3 上报信息流程　　图 8.4 流程控制流程

5. **存储空间管理**

对存储空间进行实时监视,若存储空间已满则提示用户释放磁盘空间,流程如图 8.5 所示。

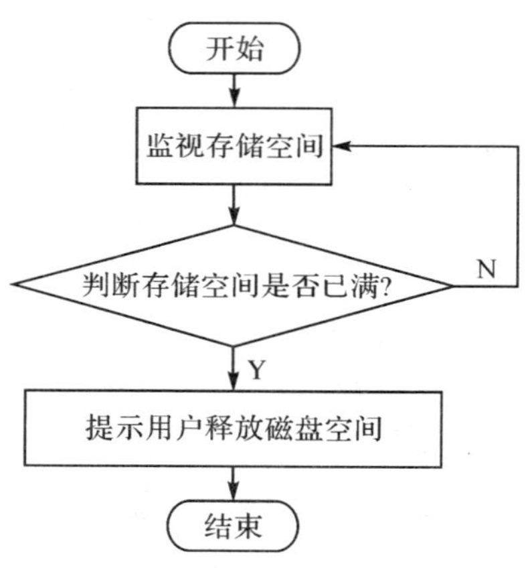

图 8.5 存储空间管理流程

§8.3 日常生产

8.3.1 主要任务

日常生产分系统负责根据业务与数据管理分系统发送的日常生产指令,每天对原始数据自动生产形成 0 级产品、对全轨道 GPS 数据进行编目、获取摄影参数,最后把处理结果送交系统的临时存储空间。

8.3.2　功能组成

日常生产分系统主要功能如下：

(1)日常生产指令的接收、处理。

(2)0 级卫星影像产品的生产、编目。

(3)全轨道 GPS 数据的去重、拼接、编目。

(4)摄影参数的获取。

(5)日常产品生产流程控制。

8.3.3　业务流程

1. 0 级产品生产流程

当日常生产分系统从业务与数据管理分系统获取到原始影像数据文件后，对原始影像数据文件去重、拼接并提取辅助参数，如果是三线阵原始影像数据文件则逻辑分景，如果是多光谱或高分辨率原始影像数据文件则物理分景，然后生成各种传感器的 0 级图像数据文件，最后根据 0 级图像数据文件生成浏览图、拇指图、元数据文件形成最终的 0 级产品。0 级产品生产流程如图 8.6 所示。

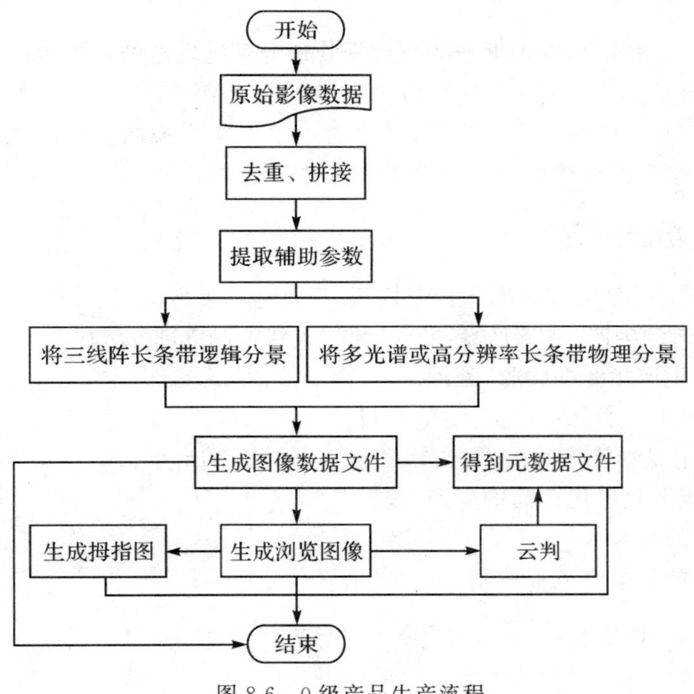

图 8.6　0 级产品生产流程

2. 全轨道 GPS 产品生产流程

当获取到全轨道 GPS 数据后，对全轨道 GPS 数据进行去重、拼接，形成编目后的全轨道 GPS 数据。流程如图 8.7 所示。

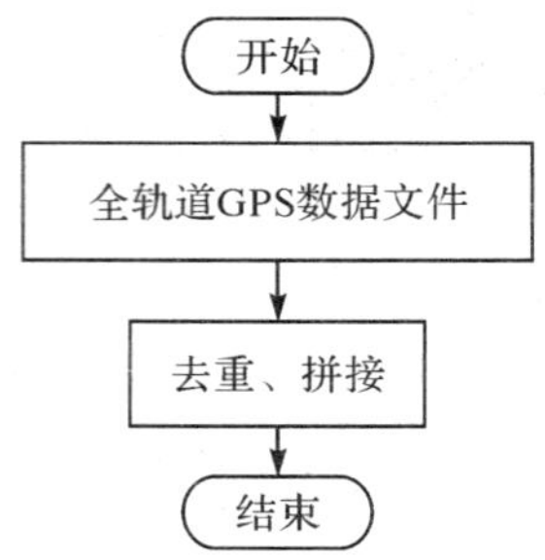

图 8.7 全轨道 GPS 数据编目流程

§8.4 订单生产

8.4.1 主要任务

订单生产分系统负责根据业务与数据管理分系统发送的订单生产指令对获取的 0 级产品自动生产形成 1A 级产品、2 级产品、3A 级产品；若 3A 级产品自动生产的控制点不足时可转入手工生产，用户通过手工匹配控制进行手工生产 3A 级产品，最后把生产的各级产品送交系统的临时存储空间。

8.4.2 功能组成

订单生产分系统由订单生产指令处理、更改订单生产流程、生产 1A 级产品、生产 2 级产品、自动生产 3A 级产品、手工生产 3A 级产品等部分组成。主要功能如下：

(1)订单生产指令的接收、处理。

(2)1A 级卫星影像产品的生产、编目。

(3)2 级卫星影像产品的生产、编目。

(4)3A 级卫星影像产品的生产、编目。

(5)影像的融合。

(6)订单产品生产流程控制。

8.4.3 业务流程

订单生产的处理流程如下：

(1)接收到订单生产指令后，启动生产流程，调用相关算法。

(2)如进行 1A 级产品生产,对 0 级图像数据文件进行辐射校正并进行 MTF、片间色差、条纹、暗像元处理,然后生成各种传感器的 1A 级图像数据文件,最后根据 1A 级图像数据文件生成浏览图、拇指图、元数据文件形成最终的 1A 级产品。

(3)如进行 2 级产品生产,提取 1A 级影像数据文件,建立系统几何校正模型,做几何校正生成 2 级图像数据文件,最后根据 2 级图像数据文件生成浏览图、拇指图、元数据文件形成最终的 2 级产品。

(4)如进行 3A 级产品生产,提取 1A 级影像数据文件,建立系统几何校正模型、优化系统几何精校正模型参数,做几何精校正生成 3A 级图像数据文件,最后根据 3A 级图像数据文件生成浏览图、拇指图、元数据文件形成最终的 3A 级产品。

具体流程如图 8.8 所示。

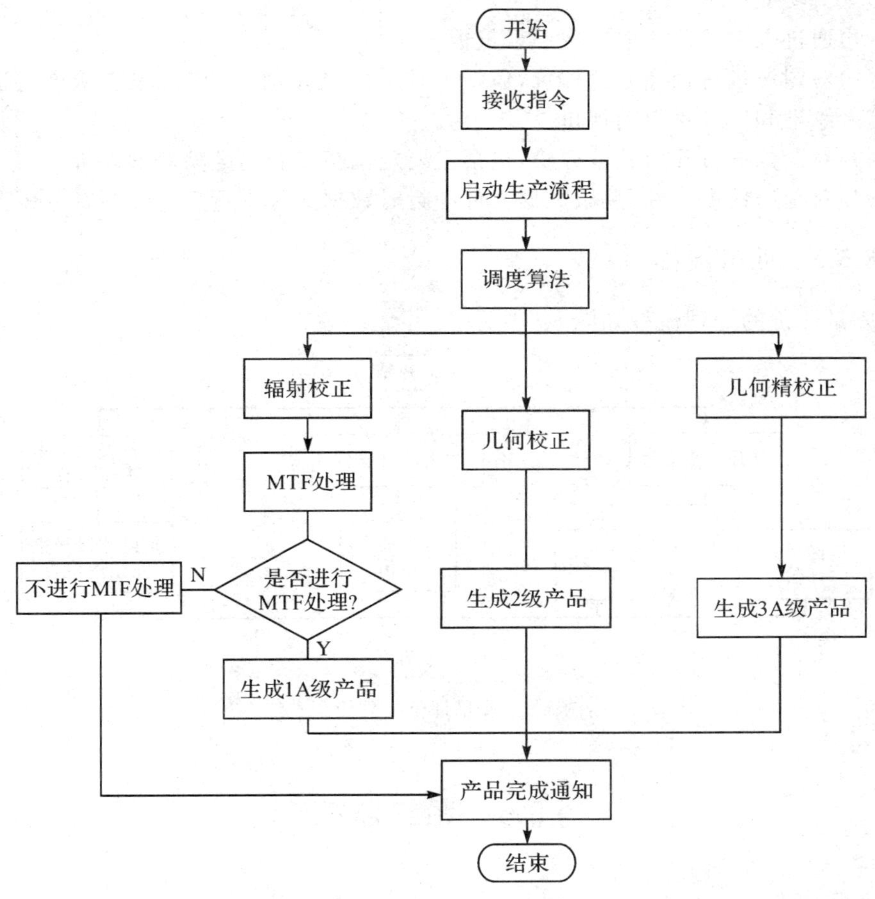

图 8.8　订单生产处理流程

§8.5 质量评价

8.5.1 主要任务

质量评价分系统主要负责对各种图像数据文件进行手工云判，并具备构像和几何质量评价，以及辅助数据完整性检查分析功能。

8.5.2 功能组成

质量评价分系统由云判、构像质量评价、几何质量评价、辅助数据分析等部分组成，主要功能如下：

（1）通过人工目测获取图像中云量覆盖大小。

（2）对图像进行构像质量评价，包括主观质量评价、基于灰度、基于灰度共生矩阵、基于纹理和广义噪声的评价。

（3）对图像进行几何质量评价，包括主要定位精度和内部畸变的评价。

（4）对星历数据文件、星敏数据文件和行时数据文件进行完整性检查分析。

8.5.3 业务流程

质量评价的处理流程如图 8.9 所示。

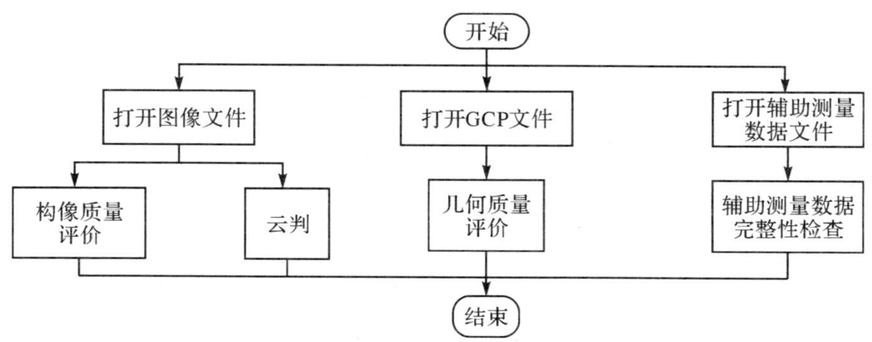

图 8.9 质量评价处理流程

§8.6 系统监控

8.6.1 主要任务

系统监控分系统负责对数据预处理系统中的所有设备、主机以及业务的运行状况进行实时监控，及时发现系统内部的故障。

8.6.2 功能组成

系统监控分系统由设备监控、业务监控、监控信息上报、历史事件查询等部分组成。主要功能如下：

(1)监控数据预处理系统中的各种硬件设备。

(2)监控数据预处理系统中的各分系统软件的业务处理过程。

(3)把设备信息和分系统业务信息及分系统信息上报给业务与数据管理分系统。

(4)具备查询分系统软件的各历史事件的功能。

8.6.3 业务流程

系统监控的处理流程如图 8.10 所示。

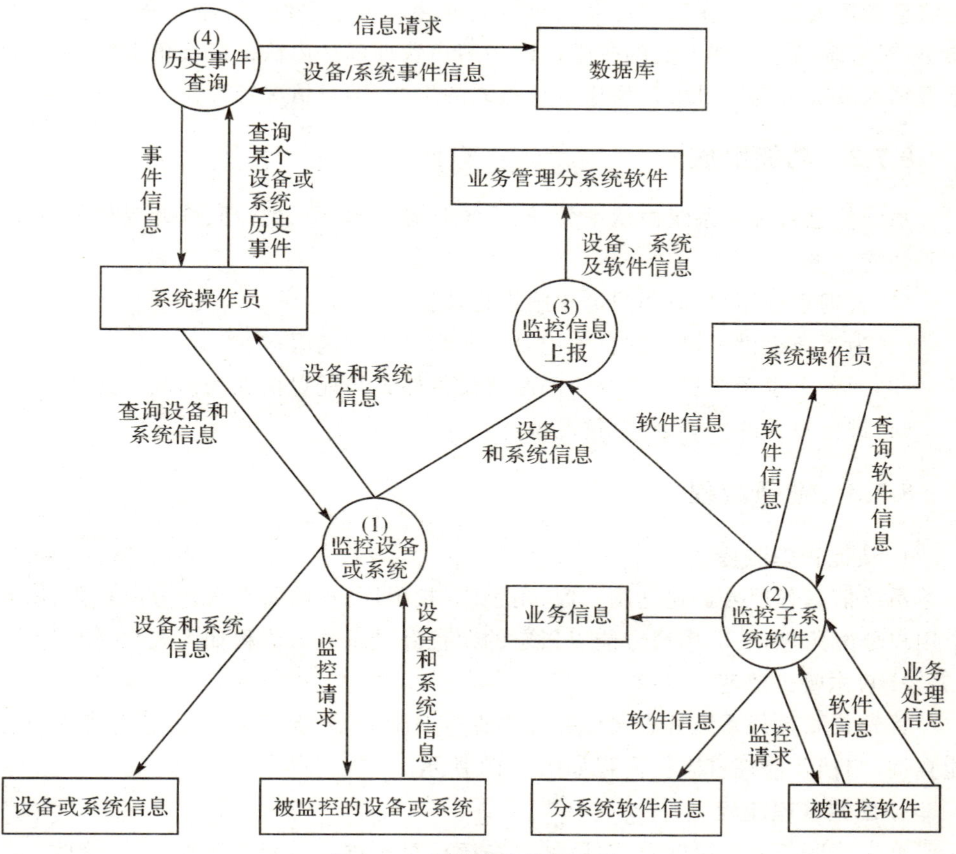

图 8.10 系统监控处理流程

§8.7 系统信息管理

8.7.1 主要任务

系统信息管理分系统主要负责对数据预处理系统中各个分系统的日志、配置文件和认证信息进行统一管理，实现对数据预处理系统中各分系统的信息统计与报表。

系统信息管理功能包括日志服务、系统配置、权限认证、统计等与系统业务无关，但是作为一个完整系统开发确实需要的系统管理功能。日志服务模块为系统提供了统一的日志记录服务和日志查询服务，便于进行程序的维护、扩展和问题的定位；系统配置为各个分系统提供了统一的配置文件格式与配置信息访问方式，系统信息管理人员可以在远端启动图形界面连接服务端系统，在各个分系统上进行操作；对系统信息管理人员的权限认证和用户管理都是由认证模块负责的；系统信息管理人员也可以通过统计模块进行每天的生产、编目情况统计。

8.7.2 功能组成

系统信息管理分系统由认证管理、系统日志管理、配置管理、统计等部分组成。主要功能如下：

(1)管理系统用户，对用户的权限进行认证。

(2)为系统提供了统一的日志记录服务和日志查询服务。

(3)为各个子系统提供了统一的配置文件格式与配置信息的访问方式。

(4)进行每天的生产、编目情况统计。

8.7.3 业务流程

1. 认证管理流程

系统信息管理人员建立用户库、角色库、权限库，再给每个角色分配权限、给每个用户分配角色，然后用户方能以指定的角色登录系统。流程如图 8.11 所示。

2. 日志管理流程

首先获取各分系统日志文件并分类保存日志信息，然后系统信息管理人员方能查询、归档及清理日志。流程如图 8.12 所示。

3. 配置管理流程

首先获取各分系统配置文件，然后系统信息管理人员修改配置文件，修改后的配置即时生效。流程如图 8.13 所示。

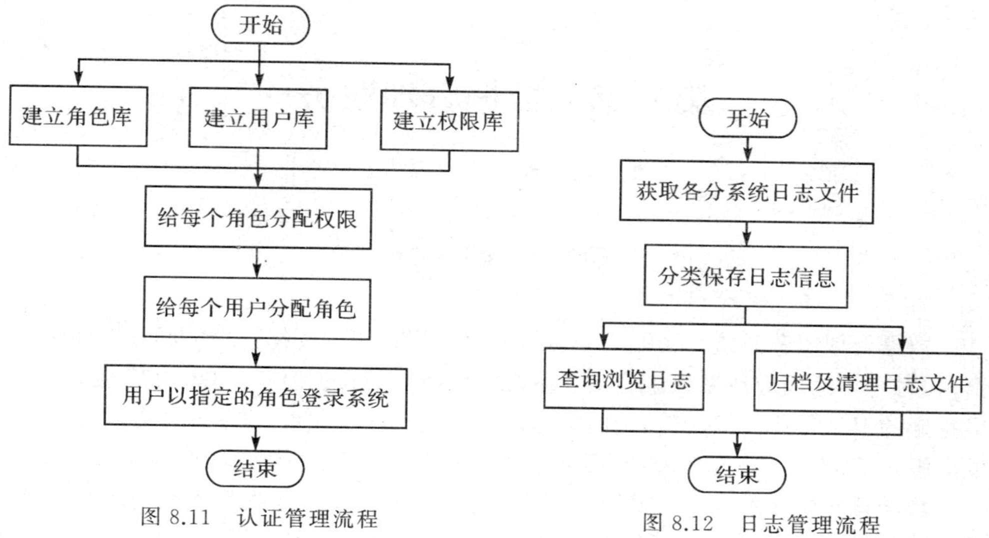

图 8.11　认证管理流程

图 8.12　日志管理流程

4. 统计流程

首先输入统计条件，然后统计各产品生产、编目、分类情况，最后生成统计结果报表。流程如图 8.14 所示。

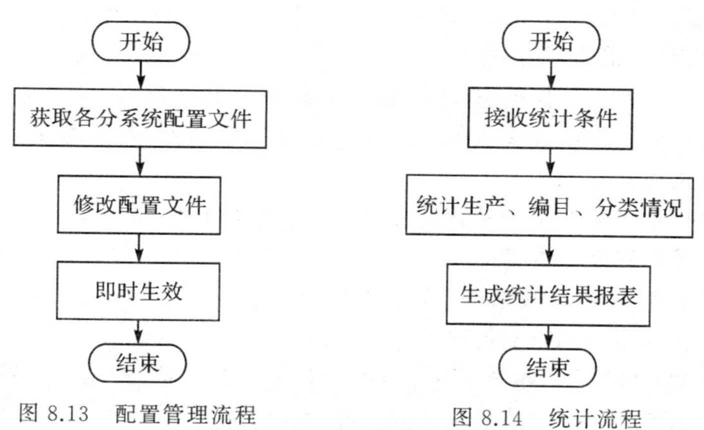

图 8.13　配置管理流程

图 8.14　统计流程

第 9 章　数据管理服务

§9.1　概　述

数据管理服务系统是天绘一号卫星地面应用系统的数据管理中心和对外服务窗口，对内为地面应用系统中各功能系统提供所需的数据服务，对外为其他用户提供稳定的卫星影像数据保障，为国家基础地理信息系统建设、维护和更新提供影像数据服务，以满足国家基础测绘、国土资源调查以及国民经济建设各个方面的需求。

数据管理服务系统的主要任务对象包括：①来自数据接收系统的原始码流数据存储介质，来自任务规划系统的工程测控数据；②来自数据预处理系统的 0 级、1A 级、2 级、3A 级影像产品、全轨道 GPS 数据；③来自控制定位与测图系统的 1B 级、3B 级卫星影像产品；④来自摄影参数与影像特性检测系统的检测成果数据与初始摄影系统参数。

该系统的主要任务是对以上数据进行存储管理，为后续测绘处理和其他用户提供卫星影像产品服务，具体包括：

(1)对卫星影像产品数据、摄影参数与影像特性检测成果、全轨道 GPS 数据、工程测控数据进行存储、管理和备份；对归档后的原始码流数据的介质进行检查、备份，并进行离线管理。

(2)提供针对卫星影像产品数据的多种模式检索服务。

(3)具有用户管理能力。

(4)提供基于 Web 的数据查询，受理用户申请。

(5)具有面向用户的卫星运行状态显示能力。

(6)根据用户需求，向任务规划系统提出摄影任务申请、产品生产任务申请。

(7)具有向用户提供产品数据定制服务的能力。

(8)对提供给用户的卫星影像产品数据进行水印处理。

(9)提供在线和离线多种分发方式。

(10)以在线或离线方式与其他系统进行数据交换。

(11)对本系统运行状态进行监控，向任务规划系统提交本系统的运行状态信息。

数据管理服务系统存储、管理及对外交换的数据量大，任意时刻的系统故障都会带来不可估量的损失，系统构建时采用区域网的存储与备份技术以及三级存储策略，实现了海量数据高效、可靠的存储管理。数据管理服务系统主要包括系统管理、数据存档管理、数据查询、产品服务等四个分系统。

§9.2　网络结构设计

数据管理服务系统管理的数据种类繁多、数据量巨大，为了完成海量数据的存储并提高数据交换的速度，数据管理服务系统采用存储区域网（storage area network，SAN）的多级存储管理模式来完成数据的存储、备份与共享。数据管理服务系统的网络组成结构如图 9.1 所示。

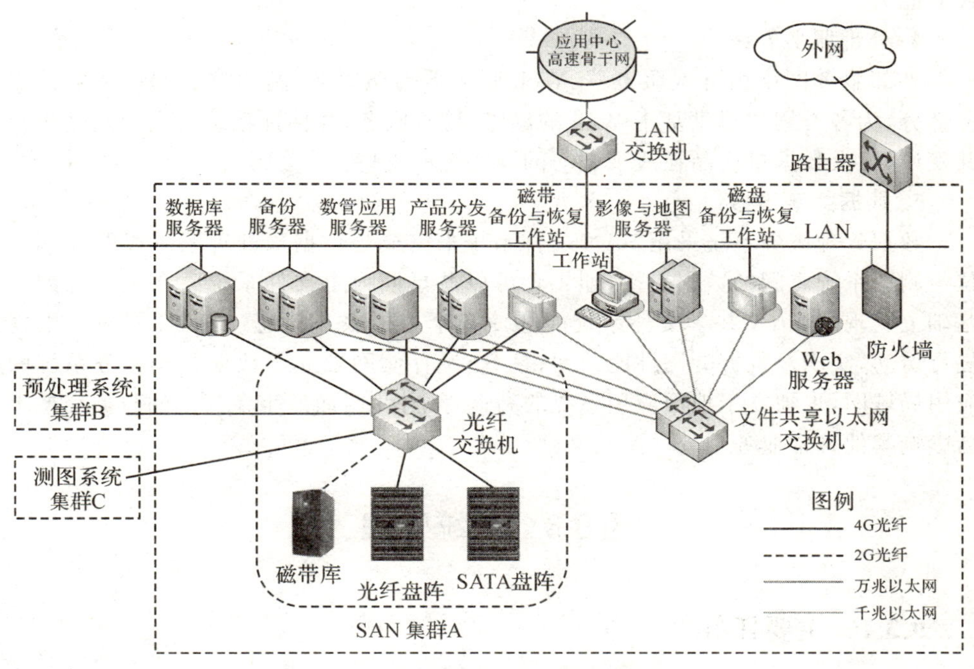

图 9.1　数据管理服务系统网络结构

数据管理服务系统包含了内部应用网络、SAN 存储网、文件共享以太网、外部服务网络以及数据共享连接五个方面。

1. 内部应用网

数据管理服务系统的内部应用局域网，通过交换机连接到应用系统中心高速骨干网，内部连接了系统中所有的服务器、工作站，实现了系统内部各分系统之间，以及数据管理服务系统与地面应用系统其他功能系统之间的通信。

应用局域网交换机同时具有千兆、万兆两种端口，与应用系统中心高速骨干网采用了万兆连接，内部节点全部采用了千兆连接。

2. SAN 存储网

通过 4G 光纤交换机(同时具有 2G、4G 两种端口)连接而成的 SAN 存储网,连接了光纤磁盘阵列、SATA 磁盘阵列、磁带库、数据库服务器集群、备份服务器、应用服务器,实现了对在线、近线磁盘阵列的存储访问及对磁带库的操控。

3. 文件共享以太网

文件共享以太网通过以太网交换机连接而成,备份服务器、数管应用服务器、分发服务器同时配置成 samba 服务器,通过该共享网,为影像与地图服务器、Web 服务器以及所有的工作站提供将数据文件写入存储资源或从存储资源读出数据文件的能力。

4. 外部服务网络

外部服务网络由分发服务器、Web 服务器与防火墙、路由器一起构成对外服务部分,为各类用户提供基于 Web 的浏览、检索服务,并保证系统对大量网站用户并发访问、大数据量产品在线下载与网站安全的支持。

5. 数据共享连接

数据管理服务系统采用 SAN 文件系统来完成与数据预处理系统以及控制定位与测图系统之间的数据交换,即二者可以共享同一个文件系统。在磁盘阵列的基础上实现的 SAN 共享文件系统能够使多个主机服务器通过 SAN 同时对数据进行访问,实现对数据的高性能访问;且 SAN 存储网独立于数据管理服务系统的应用局域网,也独立于地面应用系统的高速骨干网,因而发生在其上的数据交换不会影响其他日常业务。

§9.3 系统管理

9.3.1 主要任务

系统管理分系统是整个系统的控制中心,主要任务是为系统的任务实施进行调度、对业务状态进行监控,并为系统提供统一用户管理、日志管理。

9.3.2 功能组成

系统管理分系统由用户管理、日志管理、系统监控、时间同步和业务调度等部分组成。主要功能包括:

(1)完成用户访问机制的建立,提供用户认证、访问控制、安全审计功能,以保证数据与系统的安全性。

(2)提供统一的日志管理能力,包括日志信息的添加、删除、查询、显示、清空等功能。

(3)在线设置数据管理服务系统各分系统的运行参数,并根据配置的运行参数控制各分系统的运行状态。

(4)实时跟踪、显示数据管理服务系统的设备运行状况、软件运行状况、存储资源使用情况、日常任务进展情况,发现异常时报警。

(5)将数据管理服务系统的相关设备运行状况与业务进行状态定期上报给任务规划系统。

(6)接收任务规划系统发送过来的时统信息,完成数据管理服务系统内所有服务器、工作站的时间同步任务。

(7)为数据管理服务系统中各项工作有序实施进行决策和指挥。

9.3.3　业务流程

系统管理分系统业务流程如图 9.2 所示。

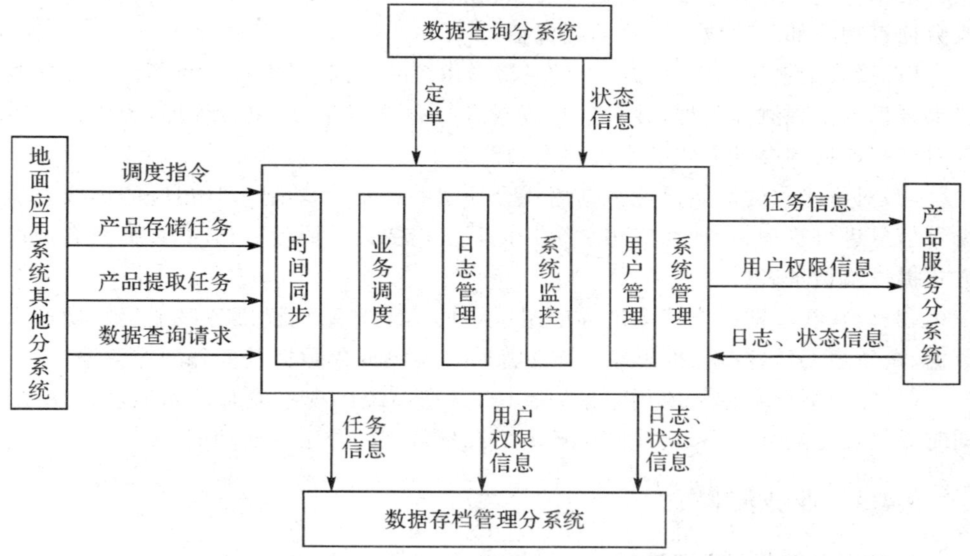

图 9.2　系统管理分系统业务流程

具体流程说明如下:

(1)系统管理分系统提供用户管理和日志管理 API,供数据管理服务其他分系统完成登录时用户身份认证工作和日志记录工作。

(2)系统管理分系统为数据存档管理分系统、产品服务分系统提供必要的用户、权限信息,完成用户权限判断任务。

(3)业务调度模块通过发送任务信息调度各个分系统按照一定的工作流完成影像数据管理及产品定制分发任务。

(4)系统监控模块通过代理收集设备运行状态、软件运行状态和业务运行状态，由监控服务器统一处理整合，并在监控客户端展现。

§9.4 数据存档管理

9.4.1 主要任务

数据存档管理分系统负责完成各类数据的接收、入库存储，并提供对这些数据的备份、迁移、检索等各项数据管理功能；此外，还根据外部需要，提供数据的恢复、输出、发送等功能。

9.4.2 功能组成

数据存档管理分系统由数据收发、数据入库输出、数据备份恢复、数据迁移以及数据管理等部分组成。主要功能包括：

(1)接收全轨道 GPS 数据、各级卫星影像产品数据、摄影参数与影像特性检测成果数据及工程测控数据，并对这些数据进行有效存储、组织与管理，为用户提供针对这些数据的多种方式的查询检索功能。

(2)对所接收的原始码流数据离线介质进行检查和复制。对相应的离线介质编目信息进行管理；在地面应用系统其他系统需要原始码流数据时，以离线介质的方式提供给请求者。

(3)以在线或离线方式为地面应用系统的其他分系统提供各级卫星影像产品数据、全轨道 GPS 数据、摄影参数与影像特性检测成果数据及工程测控数据。

(4)完成系统数据与应用数据的备份，并在系统出现故障时迅速地进行恢复，同时提供数据迁移能力，实现网络环境下海量数据的分级存储功能。

9.4.3 业务流程

1. 数据存储管理业务流程

0 级、1A 级、1B 级、2 级、3A 级、3B 级卫星产品的存储管理业务流程如图 9.3 所示。图中展示了产品数据从外部系统进入数据管理分系统进行入库、备份、迁移，以及收到外部系统提取请求时的输出、恢复(针对不在线的情况)、发送的整套流程。数据预处理分系统发送的全轨道 GPS 数据、控制定位与测图系统发送的影像产品数据、摄影参数与影像特性检测系统发送的初始摄影参数产品和摄影参数检测结果产品、任务规划系统发送的测控基础数据的管理流程与此基本相似，在此不再单独描述。对接收系统发送的原始码流介质编目信息只需进行入库及查询输出等流程，无须备份、迁移、恢复等流程，可以看作是影像产品存储管理流程的一个精简版本，在此也不再描述，可参考影像产品的存储管理流程。

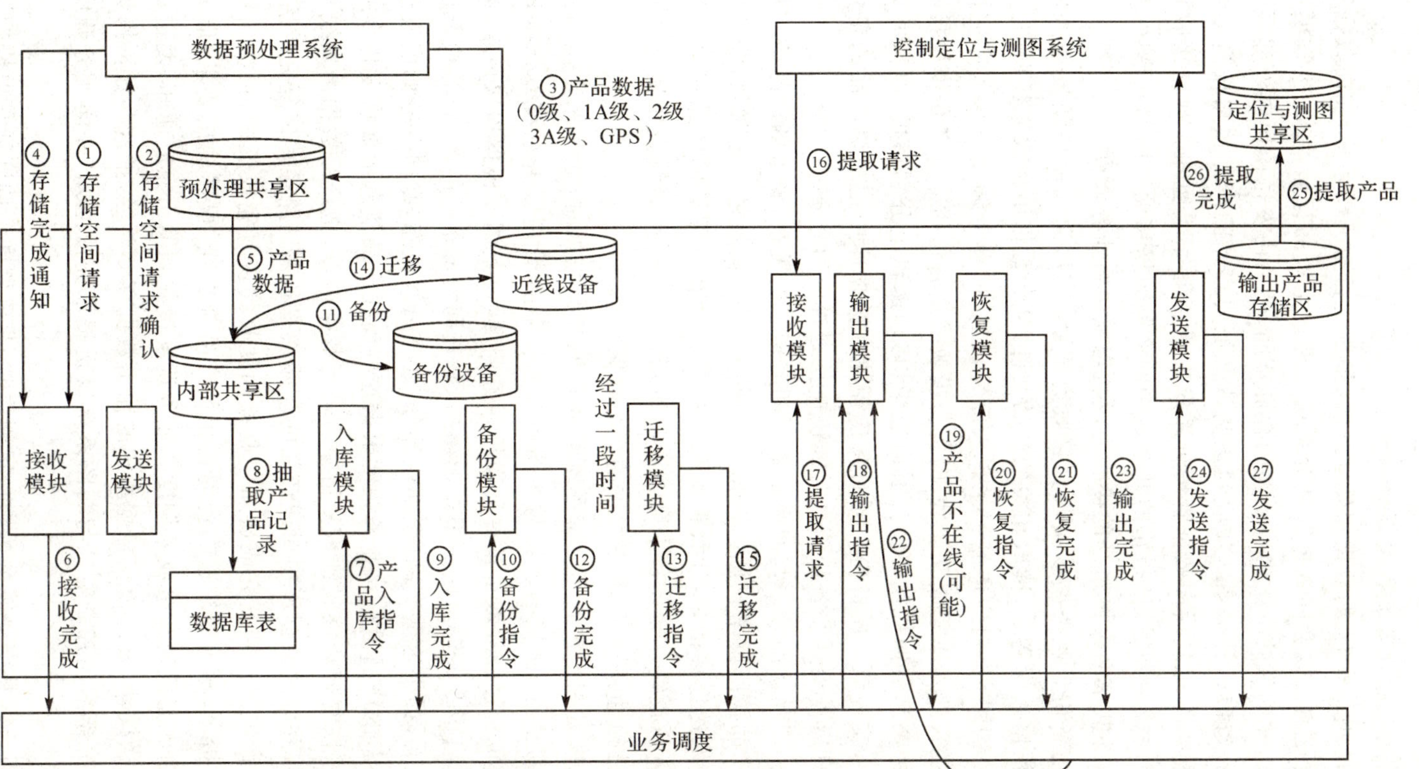

图9.3　数据存储管理业务流程

注：图中圈码表示流程顺序。

影像产品的存储管理流程可划分为四个主要部分。

(1)接收。外部系统(如数据预处理系统、控制定位与测图系统)在向数据管理分系统存储数据前首先会向数据管理分系统发送一个产品存储请求,接收模块负责接收该请求,并确保共享区中有足够的存储空间,然后由发送模块向外部系统发送存储空间请求确认,外部系统接收到该确认会把要存储的产品数据按产品规范格式写入共享区,写完之后向数据管理分系统发送存储完成通知。数据接收模块接收到该存储完成通知后,把指定的共享区中的产品数据移动到内部共享区,并把这些产品在内部共享区存储路径的接收完成状态发送给业务调度。

(2)入库与备份。业务调度接收到接收完成状态后,向入库模块发送入库指令,入库模块根据入库指令,读取相关的产品文件,从元数据中抽取元数据信息,在对应的数据库表中存储对应产品记录。入库完成后,向业务调度发送入库完成通知,业务调度接收到入库完成反馈后,向备份模块发送备份指令。备份模块接收到备份指令后,把产品数据从在线设备上向磁带、移动磁盘上分别拷贝一份,并以离线的方式保存,实现双介质备份。同时备份模块在数据库中记录该产品的备份介质标识,以便日后需要这些备份信息时能快速找到对应的介质。

(3)迁移。产品访问频率与产品存放时间有密切的关系,新近的产品访问频率较高,历史的产品访问频率较低。因此,按照既定的策略,经过一定时间,业务调度会向迁移模块发送迁移指令,迁移模块根据指令会把在线存储的产品移动到近线存储设备,或者从近线存储设备中删除产品数据(通过备份,离线设备上已经存储有这些产品数据),同时修改数据库中的产品存储状态。

(4)提取、恢复和发送。当外部系统需要提取产品数据时,如控制定位与测图系统提取1A级产品,则控制定位与测图系统会向数据管理服务系统发送提取请求。接收模块负责接收提取请求并转发给业务调度,业务调度根据提取请求,向输出模块发送输出指令。输出模块根据输出指令,查询满足条件的产品,并检查这些产品的存储状态,如果这些产品(全部或部分)处于离线状态,则向业务调度发送所有处于离线状态的产品信息。业务调度根据这些离线产品信息形成恢复指令并发送给恢复模块,恢复模块接收到恢复指令后进行数据恢复,把产品数据由离线介质拷贝至回迁区,并修改数据库中对应产品的存储状态和存储路径。恢复完成后,恢复模块向业务调度发送恢复完成通知。业务调度收到恢复完成反馈,再次向输出模块发送输出指令,输出模块这次查询到相关产品都在线,根据输出要求,形成输出结果,发送输出完成通知给业务调度。业务调度接收到输出完成通知,发送数据发送指令给发送模块,发送模块根据指定的输出数据存储路径,把这些数据拷贝至共享区。拷贝完毕后向控制定位与测图系统发送提取完成通知,并向业务调度发送完成通知。

此外,当回迁区数据存储量达到一定阈值时,业务调度会调度迁移模块把这部分回迁区中的数据按照一定策略再次删除，并修改数据库中的存储状态，该产品就再次处于离线状态。这属于数据存储管理流程中的一个“小插曲”，在图中没有画出，特在此给以说明。

2. 数据迁移业务流程

数据管理服务系统将光纤磁盘阵列作为在线存储、SATA 磁盘阵列作为近线存储、用于备份的磁带与 SATA 移动硬盘兼作离线存储。结合各级影像产品数据的备份与恢复方式，系统采用的数据迁移方案的流程如图 9.4 所示。

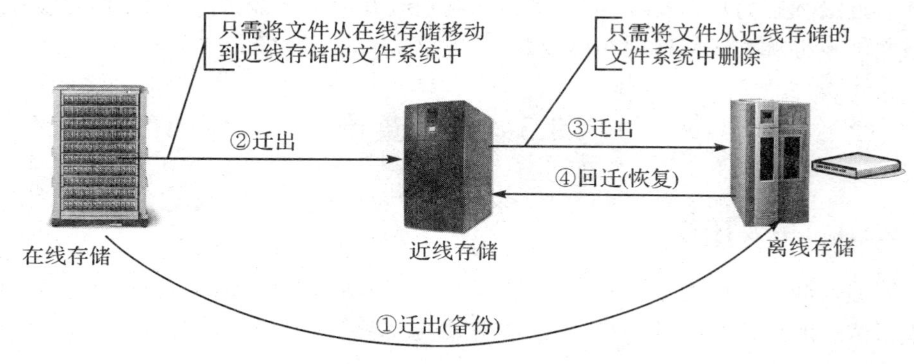

图 9.4　数据迁移业务流程

对数据迁移流程的具体说明如下。

(1) 在线存储到离线存储的迁移。为了保证数据不被丢失，系统每天在新收到各级影像产品数据后将立即备份，即把数据文件从在线存储设备上备份到磁带与 SATA 移动磁盘上，并以离线的方式进行保存。这种备份过程在功能上相当于将数据文件从在线存储“迁移”到离线存储上，只是数据文件被迁出之后，并没有从文件系统中真正删除，仅仅在数据库中将这些文件标记成“已备份”状态。这些数据文件仍处于“在线”状态，可以直接使用。

(2) 在线存储到近线存储的迁移。每天系统将自动根据设定的迁移策略，开始从在线存储到近线存储的迁移过程。由于影像产品数据以文件形式进行存储，因此该迁移过程能够简单地实现，只需将满足迁移条件的数据文件从在线存储的文件系统中移动到近线存储的文件系统中，同时在数据库中将这些文件标记成“近线”状态。要注意的是成功地被移动到近线存储文件系统中的那些文件，将被从在线存储文件系统中删除，当以后需要访问这些数据时，系统会根据簿记的信息自动从近线存储文件系统中读取这些数据文件。

(3) 近线存储上数据文件的迁出。每天系统将自动根据设定的迁移策略将那些满足条件的数据文件从近线存储上迁出。由于在完成入库操作后这些数据文件都已被备份到了磁带与 SATA 移动硬盘中，因此该迁出过程只需将对应的数据文件删除，同时在数据库中将这些文件标记成“离线”状态即可。当以后需要访问这些数据时，需要执行数据文件从离线到近线的回迁操作（如后面所述）后，才能访问这些数据。

（4）数据文件从离线到近线的回迁。当用户需要访问的数据文件处于离线状态时，系统根据数据库中维护的备份介质与数据文件的对应信息，将数据文件从磁带或SATA移动硬盘上恢复到近线存储上，即完成数据文件从离线到近线状态的回迁。由于作为近线存储的SATA磁盘阵列具有很好的读写速度，用户可直接读取处于近线状态的数据文件，而不必迁回到在线存储上才能进行数据的读取，所以数据文件不再从近线回迁到在线设备。

§9.5 数据查询

9.5.1 主要任务

数据查询分系统的主要任务是向用户提供网站信息服务，通过网站提供影像元数据信息的快速查询、影像略图的浏览功能；接受网上用户的数据申请，提供数据订单服务。

9.5.2 功能组成

数据查询分系统由网站管理、数据查询、订单服务和影像产品展示等部分组成。主要功能包括：

（1）向用户提供基于Web的信息服务，包括构建和维护管理网站，提供基本的信息介绍、产品介绍、数据申请流程介绍、卫星运行状态信息显示等。

（2）通过Web方式，提供影像元数据信息的快速查询、影像略图的浏览功能。提供基于各种查询条件（卫星种类、传感器种类、产品种类、影像产品分景方式、时间范围、空间范围、用途、坐标、地名、组合条件等）的查询检索功能。

（3）接受网上用户的数据申请，提供数据订单服务。

（4）当用户需要的数据尚未制作或者尚未摄影的时候，系统向用户提供编程订单服务，用户提出编程订单申请，数据管理服务系统可以将此订单申请提交给任务规划系统和数据预处理系统，进行数据制作和摄影任务安排。在准备好数据之后，再向用户提供数据服务。

9.5.3 业务流程

1. 网站管理和数据查询业务流程

网站管理和数据查询业务流程如图9.5所示。

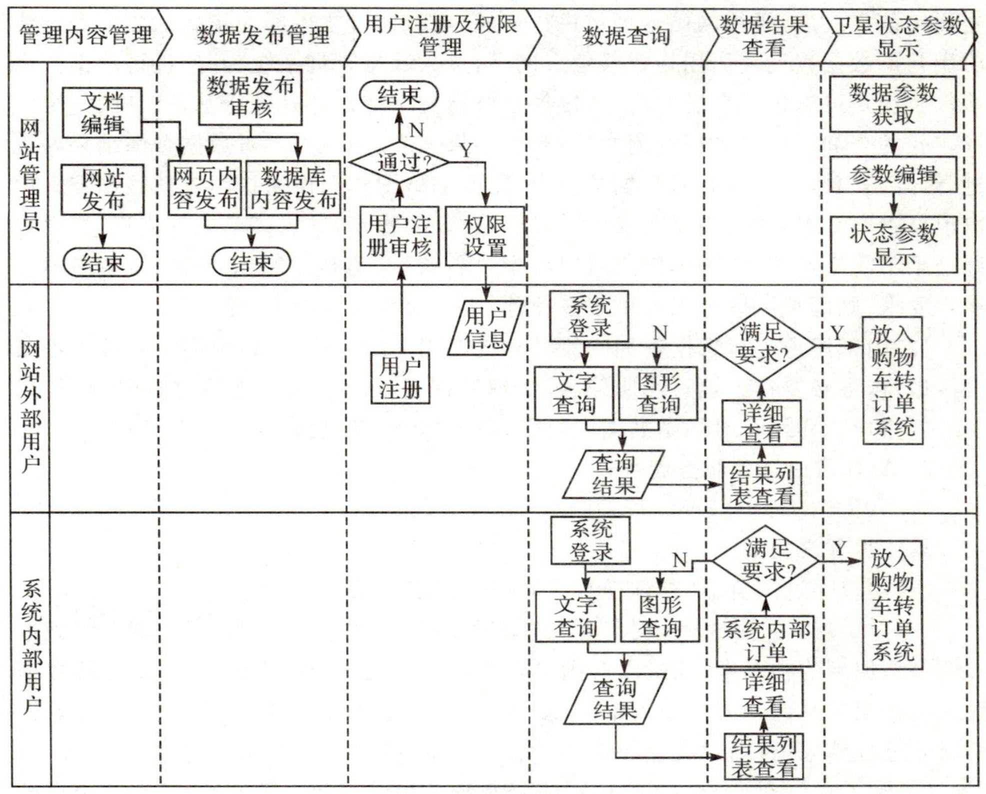

图 9.5　网站管理和数据查询业务流程

从图中可以看出，参与网站管理和数据查询的操作人员分为网站管理员、外部系统用户、内部系统用户三类，以下分别从这三个角度进行说明。

(1)网站管理员进行业务处理的流程。网站内容管理员登录网站内容管理平台，进行网站的维护和文档发布工作，这类工作包括网站栏目维护、网站文档编辑、网站文档审核发布；管理员登录网站管理平台，对申请注册的外部数据查询用户进行用户管理，包括用户资格审核，用户权限设置，用户管理工作；数据发布审核员登录数据发布审核界面，对等待对外发布的数据进行审核；管理员对通过审核的产品数据进行处理，一方面编写数据发布相关文档，通过网站内容管理平台对外进行文档发布(如最新数据、数据介绍等)，一方面对经过整理的元数据设置标志，并最终提交进行发布。管理员登录管理界面，还可获取最新的卫星状态参数数据(包括轨道预报数据、工程遥测数据等)。

(2)外部数据查询用户进行数据查询的流程。外部用户首先访问信息网站，访问网站的各部分内容，了解进行用户注册和数据查询的流程。用户可以通过网站或者到数据服务中心进行用户注册，在注册时用户需要提供自己的详细信息。提交详细信息之后，等待网站管理员进行审核，审核通过之后即为正式的数据查询注册用户。数据查询注册用户登录信息网站，进入数据查询系统，开始进行数据查询工作。用户可以根据自己的需要，选择是进行文字查询还是进行基于二维、三维图形方式的查询。用户进行查询之后，获得结果列表，用户可以对数据查询结果列表进行详细查看，主要查看元数据的内容、图像缩略图和图像拇指图等。数据查询用户根据查询结果，如果满足要求，则将结果放入购物车，进入订单处理流程；如果查询结果不能满足要求，则该用户可以再次进行查询，查询上一级产品，如果还不能满足要求，则用户可以进入订单服务软件，进行编程订单的生成操作。

(3)内部用户进行数据查询的流程。内部用户的注册、审核由网站系统管理员直接进行，不必要自己填写注册信息，管理员创建了内部用户之后，内部用户可以与外部用户一样拥有对网站的访问权限，其数据查询流程也与外部用户相同。

2. Web 用户订单服务流程

Web 用户的订单服务流程如图 9.6 所示。

具体步骤说明如下：

(1)用户通过浏览器“查询现有产品”和“预定产品”两个入口进入。

(2)对于现有产品查询，用户输入查询条件后，如果查询出来结果，则可以把本次结果添加到购物车中；如果没有满足条件的影像数据，则提示用户“需要的数据目前不存在”，并询问用户是否希望预订这些数据。若用户不希望预定，则当前订单服务过程结束，否则生成系统自动生成一个编程产品，并加入到购物车。

(3)除了通过现有产品查询入口选择数据或生成编程记录外，对于那些用户已知肯定不存在的数据，用户可以通过“预定产品”方式直接生成编程记录，节省用户的时间。

(4)待用户需要的数据产品或编程产品都完成后，用户可把整个购物车的产品一次性提交。提交时，系统将完成订单拆分、费用计算、订单分发信息填写等一系列工作。

(5)提交订单时，系统还将判断订单用户类型。内部用户自动进行审核，然后转业务调度配置项，调度相应系统直接提供数据。对于外部用户，系统管理员进行审核。审核通过的数据转后续环节，不通过则由订单服务模块通知用户申请失败，当前服务过程结束。

(6)对审核过的订单，订单服务模块将检查当前数据库中是否存在满足当前订单要求的就绪影像数据，若存在则调度产品服务分系统进行产品的制作与分发。

(7)若数据库中无满足当前订单要求的影像数据，订单服务将自动检查待处理编程订单队列请求，判断队列中的编程订单是否已覆盖了当前订单所要求的数据。如果覆盖，订单服务模块记录这两个订单的关联，当覆盖订单完成后，系统可以把被覆盖订单一并处理。

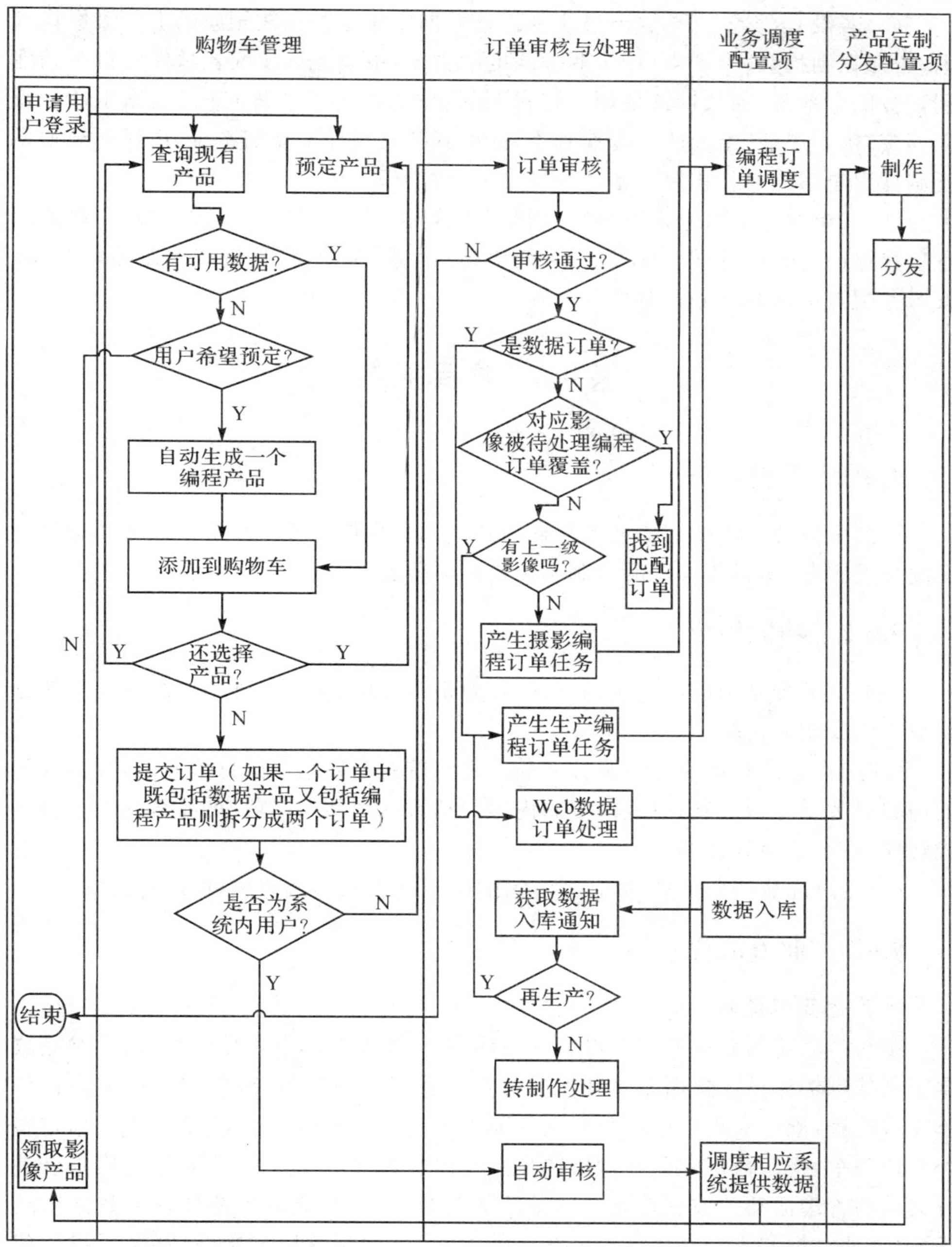

图 9.6　Web 用户订单服务流程

(8)若没有覆盖，订单服务模块则检查数据库中是否存在相应的上一级影像数据，若存在则提交“生产申请”给业务调度配置项，由业务调度配置项转发订单条件到相应的分系统(如数据预处理系统、控制定位与测图系统等)进行数据生产。否则提交“摄影申请”给业务调度配置项，并由其转发给任务规划系统，由任务规划系统调度卫星系统进行拍摄。

(9)订单服务定时查询数据库，判断“是否需要再生产”，如果需要，订单服务配置项将再向业务调度配置项发送“生产申请”消息，否则，将直接调度产品定制、分发服务配置项进行产品的制作与分发。

§9.6 产品服务

9.6.1 主要任务

产品服务分系统的主要任务是面向各类用户提供影像产品定制服务和定制产品的分发服务，包括影像产品定制和影像产品分发。

9.6.2 功能组成

产品服务分系统由产品定制管理、裁剪格式转换、水印处理和产品分发等部分组成。主要功能包括：

(1)向指定用户提供专项服务产品。系统首先审核用户的订单需求，根据订单的内容对数据进行定制，可能的定制内容包括数据产品的裁剪、产品数据的存储格式转换、投影变换处理等。

(2)处理完成的影像产品可分发给用户，支持在线与离线两种分发方式。

9.6.3 业务流程

1. 产品定制流程

参与产品定制服务的用户可以分为两类，一类是数据制作管理员，另一类是数据定制处理操作员。数据制作管理员负责查看用户的订单，根据用户订单进行订单需求检查，确定对订单中的数据文件要进行的定制处理内容，进而生成数据定制处理任务单，指派数据定制处理操作员进行定制处理，并通过数据定制管理平台进行其他的管理活动。数据定制处理操作员登录本平台，获取需要处理的数据产品任务单，从数据制作分发服务器上获取数据文件，进行数据定制处理，然后将处理完成的数据产品提交到数据定制分发服务器。

产品定制流程如图 9.7 所示。

系统登录
用户订单查看、订单需求检查
数据处理任务单生成
数据文件下载
数据定制处理
数据文件上传
任务单跟踪
制作处理统计
数据定制处理管理员
系统登录身份验证
通过身份验证?
Y
N
结束
获取用户订单
订单需求检查
是否需要定制处理?
Y
N
结束
生成定制处理任务单
定制处理任务单
查看定制处理任务单
修改用户订单状态提交数据分发系统
结束
查看定制处理任务单
定制处理工作统计
结束
Y
数据定制处理操作员
系统登录
通过身份验证?
Y
N
结束
获取定制处理任务单
待处理文件定位、锁定
待处理文件下载
文件解除锁定
影像产品文件
数据定制处理
影像产品文件(已处理)
文件上传
修改定制处理任务单状态
结束

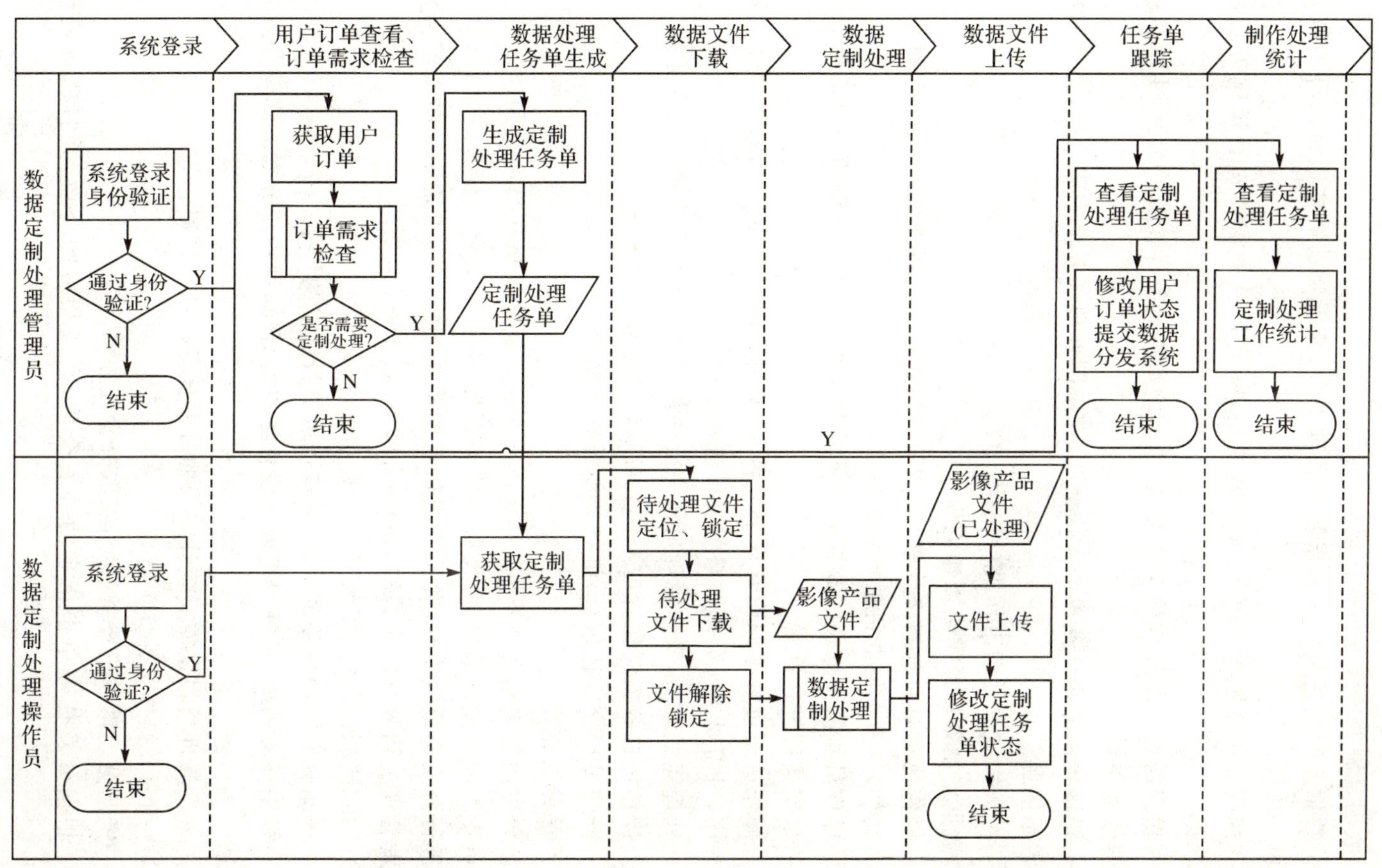

图9.7　产品定制流程

(1)数据定制处理管理员操作流程。

——数据定制管理员登录数据制作管理平台，获得当前需要进行处理的数据产品订单。

——调用订单系统的订单需求检查模块，确定订单中需要进行定制处理的文件。

——根据需要定制处理的文件类型，当前的数据定制操作员的情况，生成数据定制处理任务单。

——跟踪定制处理任务单的工作情况；在定制处理任务单完成之后，更改用户订单的状态信息。

——对数据定制处理工作进行统计。

(2)数据定制处理操作员操作流程。

——操作员登录数据制作管理平台，获得当前需要进行处理的任务列表(根据操作员的岗位，查看不同的待处理任务列表)。

——操作员将需要处理的数据文件下载到本地工作站，下载的同时需要对服务器上的数据文件进行锁定。

——操作员通过数据制作管理平台界面，调用处理程序，或者直接调用数据定制处理程序，对需要进行处理的数据文件进行处理。

——处理完成之后，操作管理员将完成的数据文件上传到数据分发服务器。

——操作员在数据制作管理平台上对该处理任务进行确认。

——操作员提交上述信息，继续其他任务的处理工作。

2. 产品分发流程

产品分发操作根据任务不同，涉及分发管理员及分发操作员两类用户。分发管理员负责生成分发任务单、分发服务器的管理、进行相关分发任务的统计；分发操作员进行分发介质的生成、分发完成信息的确认等操作。产品分发的操作流程根据分发管理员和分发操作员的不同而有所不同，如图 9.8 所示。

(1)产品分发管理员操作流程。

——产品分发管理员登录系统，获取可以进行分发的订单。

——根据任务需要，选择要生成分发任务单的订单，并指定分发方式及分发介质等信息。

——分发管理员根据需要统计完成的分发任务。

(2)产品分发操作员操作流程。

——产品分发操作员登录系统，获取分发任务单。

——根据分发任务单中指定的分发介质，生成相应的介质，并打印分发任务单。

——在用户领取介质后，操作员登录系统，确认该分发操作完成。

系统登录
订单检查/状态查询
生成分发处理任务单确认分发方式
待分发数据文件处理
获取数据
完成确认
更新订单状态
FTP服务器管理
统计分析
产品分发管理员
产品分发操作员
系统登录身份验证
通过身份验证?
N
Y
结束
查询是否有可以分发的定单
是/否?
更新订单状态
生成分发处理任务单
在线/离线分发
在线FTP分发
在线Web分发
离线分发
复制待分发数据文件到FTP服务器
复制待分发数据文件到Web服务器
客户FTP服务器
生成下载地址并MAIL给客户
客户使用FTP客户端下载数据文件
客户登录网站下载数据文件
完成确认
更新定单状态
FTP服务器管理
统计分析
定单状态查询
下载待分发的数据文件到本地，锁定服务器上的相关文件
复制/刻录数据文件待分发介质
打印介质领取单
客户领取介质，并在领取单上签字确认
操作员在系统中录入相关信息，确认分发完成

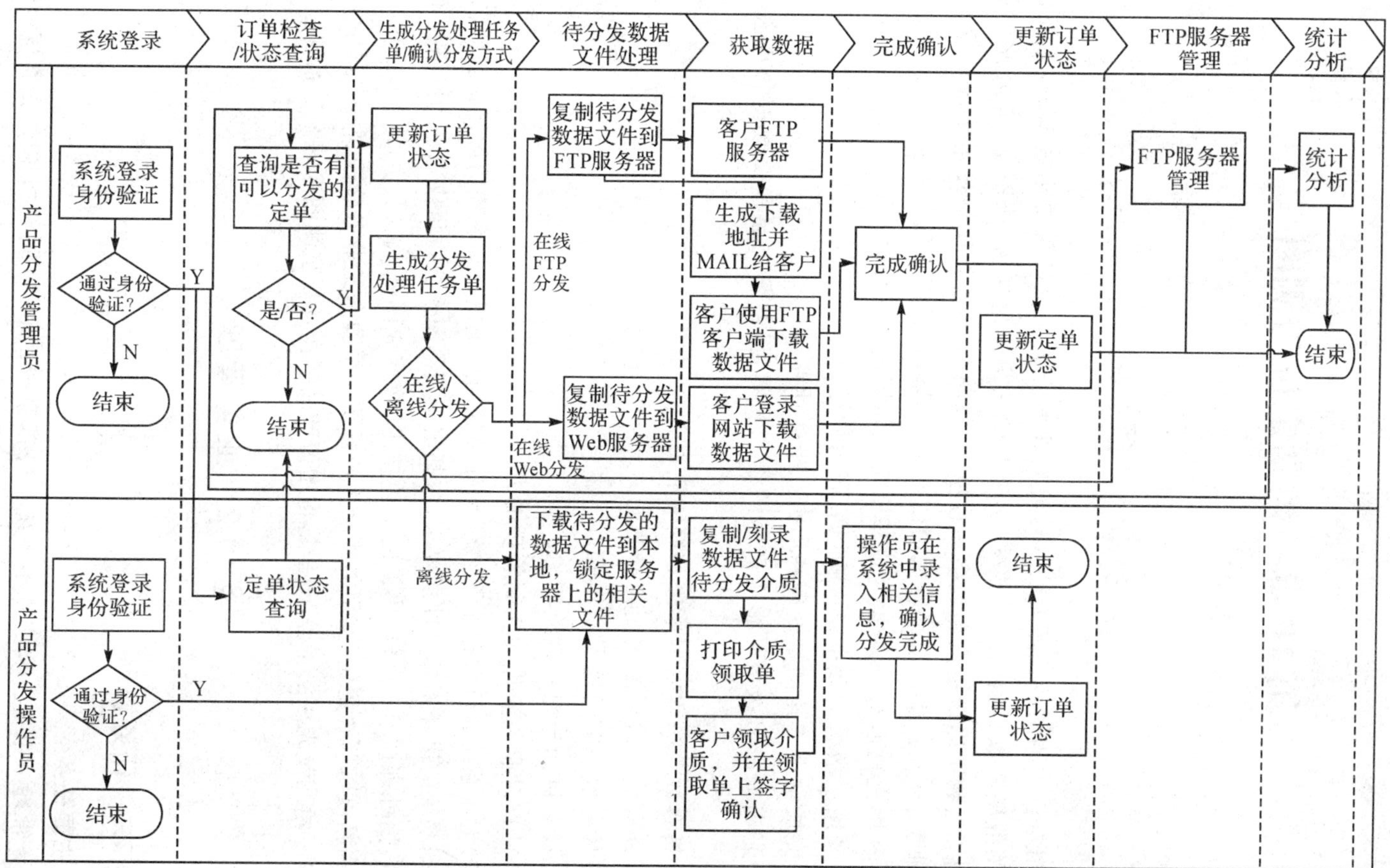

图9.8　产品分发流程

第 10 章　控制定位与测图

§10.1　概　述

控制定位与测图系统是天绘一号卫星地面应用系统的重要组成部分，主要任务是利用卫星影像和辅助测量数据，实施空中三角测量加密，测制 1∶5 万比例尺数字地形图、数字影像地图和数字高程模型，修测 1∶2.5 万比例尺数字地形图、数字影像地图。同时，生产卫星影像增值产品。具体包括以下任务项：

(1)利用全轨道 GPS 数据完成精密定轨和摄站坐标计算。

(2)利用星敏感器数据完成相机姿态角计算。

(3)完成空中三角测量处理和加密点坐标计算。

(4)完成 1B、3B 级卫星影像产品的生产和编目，并将产品送交数据管理服务系统。

(5)具有数字高程模型采集和编辑能力。

(6)具有数字地形图测制与修测能力。

(7)具有数字影像地图制作能力。

(8)具有目标与地物判绘能力。

(9)具有对业务流程的控制管理能力。

(10)对本系统运行状态进行监控，向任务规划系统提交本系统的运行状态信息。

根据系统的设计指标和性能要求，控制定位与测图系统将集成先进的网络技术、分布式数据处理技术、三线阵影像的平差技术、快速成图技术以及生产管理技术，建立一个高精度、高效、稳定、实用的测绘生产系统。主要包括业务管理、精密定轨与定姿、空中三角测量光束法平差、卫星影像增值产品制作及数字测图等五个分系统。

§10.2　业务管理

10.2.1　任务管理

1. 主要任务

任务管理分系统主要实现本系统与外部系统的联系，同时指挥本系统与控制系统内部协调工作。任务管理分系统通过网络接收任务规划系统下达的任务订单，根据任务订单要求，向数据管理服务系统申请卫星影像数据及辅助测量数据，制定生产作业计划，创建生产作业环境，监控生产过程，评定生产质量。生产任务完成之后，向任务规划系统提交任务完成清单，向数据管理服务系统提交生产成果。

2. 功能组成

任务管理分系统包含任务调度、任务处理和任务监控三个组成部分，实现本系统与外部系统的联系，完成系统内部任务的调度、处理及监控工作。

(1)任务调度指对整个数字测图系统进行业务调度管理，建立分系统之间的通信链路，实现业务命令及数据传输。具体包括负责依据主干网络接收任务规划系统下达的任务订单向数据管理服务系统申请卫星影像数据以及辅助测量数据；在生产任务完成之后，通过主干网络向任务规划系统提交任务完成通知，向数据管理服务系统提交生产成果。

(2)任务处理指通过系统局域网完成生产作业环境的创建、生产作业计划的制定和分配、组织与实施，主要包括工程管理和生产管理。工程管理具体包括工程创建、工程规划，其中工程创建是根据实际的生产需要对整个区域进行划分并建立相应的工程，以便组织和实施生产；工程规划包括对系统中所有工程的管理以及按照一定的准则对工程进行生产任务规划。生产管理具体包括生产任务创建、生产任务分配等。生产任务创建在任务规划完毕后，按照规划信息在工程中创建任务，并为任务从原始数据中生成新的必要数据，任务分配将根据系统分割的任务，按用户(作业员)的数量和实际生产任务需要对管理的任务进行分配。

(3)任务监控主要负责对定位与测图系统工作流程与信息流程进行监控。具体包括对定位测图各分系统的主要设备和业务运行状态以及输出数据质量进行监控与评定；检查分系统之间的交互文件，包括跟踪业务流程、影像数据、遥测数据、星历数据、设备状态信息、各种应答信息等；自动处理收发的全部文件并记录详细的日志；跟踪生产计划的执行，追踪数据处理流程；监视与其他系统间的通信链路情况以及对重要事件的报警提示功能。

3. 业务流程

系统业务流程如图10.1所示。

任务调度将通过主干网络接收任务规划系统下达的任务订单，同时向数据管理服务系统申请卫星影像数据以及辅助测量数据；数据准备完成后，向任务处理、任务监控下达工作指令；任务处理接收指令后，将通过系统局域网完成生产作业计划的制定、生产作业环境的创建、生产作业计划的制定和分配、组织与实施。任务监控接收指令后开始实施监控，通过网络通信手段，从网络上连接到所有要监控的设备，收集设备状态和工作状态以及数据质量，最终以图表方式反映整个系统的工作状态；当生产任务完成之后，任务监控提交指令给任务调度，任务调度通过主干网络向任务规划系统提交任务完成通知，向数据管理分系统下达指令，提交生产成果。

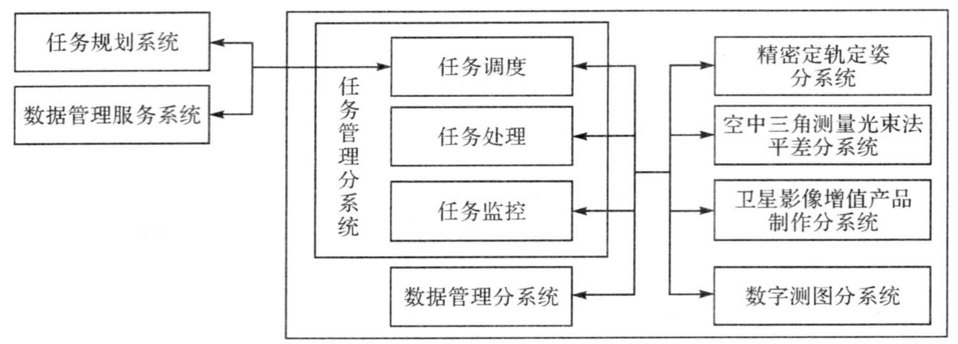

图 10.1 任务管理分系统业务流程

10.2.2 数据管理

1. 主要任务

数据管理分系统的主要任务是建立数据库，存储各类卫星影像数据、辅助测量数据、生产过程的中间数据、产品成果数据、任务管理日志信息、生产日志信息以及各种任务监控信息等，具备数据备份机制、用户管理机制、查询检索机制，完成对定位与测图系统全过程数据信息的管理，实现与数据管理服务系统的数据交换。

2. 功能组成

数据管理分系统由数据入库、数据检索、数据输出、数据备份与恢复和安全管理等模块组成。主要功能包括：

(1)能够实现定位与测图系统中各类卫星影像数据、辅助测量数据、生产过程的中间数据、产品成果数据、任务管理日志信息、生产日志信息以及各种任务监控信息的入库存储管理。

(2)能够提供稳定高效的检索引擎，实现数据中各类数据的方便查询。

(3)能够实现数据库中各类数据的输出功能。

(4)能够提供数据的备份与恢复功能，提高系统数据的安全性。

(5)能够提供高效可靠的安全管理机制，保障系统安全和数据安全。

3. 技术体系

数据存储管理作为数据管理分系统的核心部分，其存储体系结构的设计直接关系到整个分系统的技术体系设计。依据数据管理分系统的任务要求，通过建立数据库管理系统，对本系统涉及的各类数据信息实施统一存储和管理。

(1)数据管理内容。数据管理分系统管理的数据类型包括：

——1A 级卫星影像产品数据；

——全轨道 GPS 数据；

——生产过程的中间数据，包括轨道坐标计算成果数据、姿态角计算成果数据、像点量测数据、平差计算成果数据；

——产品成果数据，包括 1B、3B 级卫星影像产品、DEM、DOM、DLG；

——日志信息，包括任务管理日志、生产日志、任务监控、数据库访问日志等。

(2)存储体系结构设计。考虑到要在系统中存储管理生产任务管理信息和生产作业数据两种类型的数据，构建 SAN 结构的存储体系，用于以数据库方式管理存储生产任务管理信息；同时提供文件服务的 NAS 存储结构，以为用户开辟作业空间的方式管理生产作业中需要的各类数据、中间过程数据及产品成果数据。

存储结构的连接方式为数据库服务器、光纤阵列、备份工作站通过光纤交换机连接，用于存储管理系统中的各类数据信息。光纤阵列作为系统在线存储设备，由数据库服务器通过光纤交换机控制，在满足数据管理效率的前提下，保证数据的安全性，并可方便地扩充数据库的数据存储能力。采用磁带作为离线存储介质，通过备份工作站的控制，实现数据的备份，满足数据长久保存的需求。

系统选用 Oracle 作为其数据库管理系统。Oracle 数据库管理系统是当前数据库技术领域较为先进的产品，对数据安全性、完整性和一致性的支持都处于较为领先的水平，能够满足本系统的要求。

(3)应用体系结构。系统采用客户端—服务器应用体系结构，通过数据终端设备实现数据的入库、管理维护、检索查询、输出等功能。客户端—服务器结构的优势主要体现在系统各个部分能充分发挥各类不同硬件的特点，从而提高系统整体的性能。

§10.3　精密定轨定姿

10.3.1　精密定轨

1. 主要任务

精密定轨的主要任务是利用接收到的 GPS C/A 码伪距观测数据、L1 相位观测数据、精密星历、全球电离层模型、卫星力学模型等，采用伪距几何法及约化动力法，实现精确定轨并计算摄影时刻的坐标。

2. 功能组成

精密定轨主要包括数据预处理、几何法定轨、动力学平滑、定轨精度分析、卫星位置内插等五个功能模块。

(1)数据预处理的主要任务是消除原始观测量中的粗差，采用 Hatch 滤波法生成经过相位平滑的伪距观测量；对国际 GNSS 服务(international GNSS service，IGS)精密星历和钟差采用拉格朗日内插或多项式内插生成定轨所需时间间隔的星历和钟差。

(2)几何法定轨的主要任务是利用星载 GPS 接收机所接收的伪距和相位观测

数据进行定位计算,给出卫星的位置。几何法定轨分绝对定轨法和相对定轨法,绝对定轨法就是精密点定位的方法,是指仅依靠低轨卫星的星载 GPS 接收机的观测值进行自主定轨;相对定轨法是利用地面 GPS 跟踪网的观测数据和星载 GPS 观测值组差的方式来解算低轨卫星的轨道。天绘一号卫星采用绝对定轨法进行几何法定轨。

(3)动力学平滑是在几何法定轨的基础上,建立适当的卫星运动动力学方程,采用动力法对几何轨道进行平滑,便可削弱几何法定轨中出现的偶然误差,提高定轨精度,同时可保证轨道的连续性,通过轨道积分可以给出低轨卫星任一时刻的位置。

(4)定轨精度分析是为了客观地评价卫星轨道的精度,采用相邻轨道重叠弧段的不符值进行精度评估。虽然相邻轨道的重叠弧段几何法定轨的结果相同,但是动力平滑时的动力平滑参数计算不同,因此可以采用相邻轨道重叠弧段的不符值进行精度评估。

(5)卫星位置内插的主要任务是根据定位与控制加密系统的要求,内插所需时刻卫星的位置。

3. 技术流程

精密定轨的技术流程如图 10.2 所示。

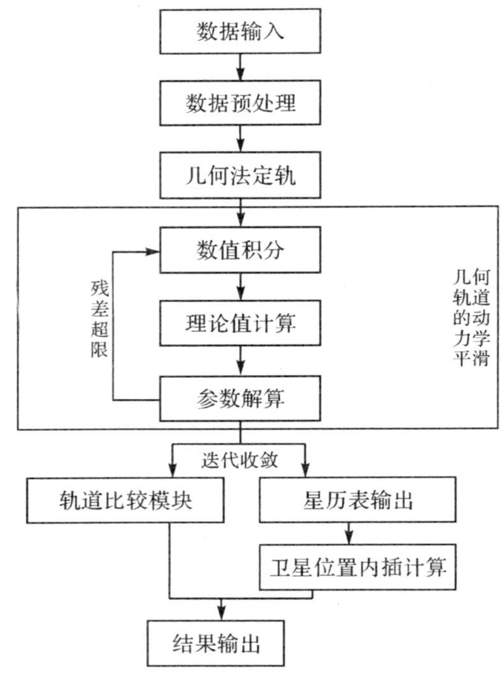

图 10.2 精密定轨技术流程

具体说明如下：

(1)对观测量进行预处理，消除原始观测量中的粗差，生成经过载波相位平滑的伪距。

(2)对 IGS 精密星历和钟差进行预处理生成定轨所需的星历和钟差。

(3)利用伪距逐点计算卫星位置，并确定初轨根数(几何法定轨)。

(4)模型化作用于卫星的主要摄动力。

(5)对卫星运动方程进行积分，获得卫星状态转移矩阵，通过动力平滑得到卫星位置。

(6)计算观测残差，对卫星轨道精度进行精度评估。

(7)输出卫星轨道及其统计信息。

(8)通过卫星位置内插提供任意时刻的卫星位置。

10.3.2　精密定姿

1. 主要任务

利用星地相机坐标系之间的夹角检测值、星敏感器、陀螺测量数据等，以双星敏感器定姿为主，单星敏感器定姿为辅，采用星敏感器和陀螺测量数据的卡尔曼滤波联合定姿方法，精确计算相机摄影时刻的空间姿态。

2. 功能组成

精密定轨主要包括数据预处理、坐标转换、星敏感器定姿、星敏感器与陀螺联合定姿、姿态的平滑内插等五个功能模块。

(1)姿态数据预处理的基本任务是对定姿数据进行质量控制及数据归算，完成所需数据的准备工作。

(2)坐标转换指对星敏感器、陀螺测量坐标系、卫星平台参考坐标系与地相机测量坐标系的转换。

(3)星敏感器定姿的主要任务是利用星敏感器输出的姿态四元数，完成卫星的精密定姿。

(4)星敏感器与陀螺联合定姿的主要任务是对低频率的星敏感器测量数据和高频率的陀螺定姿数据进行组合处理，产生高精度、高频率的定姿数据。

(5)姿态平滑内插的主要任务是由星敏感器和陀螺仪联合定姿得到的离散卫星姿态时间序列，通过内插获得对应地相机任意摄影时刻的卫星姿态。

3. 技术流程

精密定姿的技术流程如图 10.3 所示。

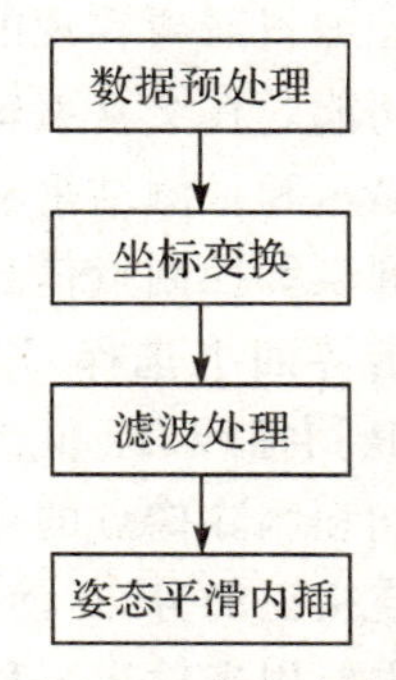

图 10.3　精密定姿技术流程

数据预处理首先对输入星敏感器和陀螺的观测数据

进行合理性检验、编辑和初步精度评定;随后,数据处理根据预处理后的星敏感器观测数据,以及星敏、地相机安装参数完成卫星的精密定姿与陀螺测量数据进行组合处理,获得高频率的卫星姿态数据,最后完成平滑内插至任意时刻并转换到协议地球参考系下的地相机姿态数据。

§10.4 空中三角测量光束法平差

10.4.1 像点量测

1. 主要任务

像点量测的主要任务是利用自动相关匹配技术和人机交互方式,按照规定的量测模板选取和量测空中三角测量所需的像点量测数据。其中像点量测数据包括所选区域卫星三线阵影像的定向点量测坐标和连接点量测坐标。

2. 功能组成

像点量测的主要功能包括参数设置、自动转点及交互编辑三部分。

(1)参数设置负责管理输入并管理像点量测作业中所需的各种数据。这些数据包括影像列表(含影像参数)、量测模板参数及特殊情况下的控制点数据。与此对应,参数设置由三个部分组成,即影像列表管理、控制点管理和量测模板管理。

(2)自动转点的主要功能有两个:一是根据工程的影像列表(含影像参数)和量测模板,使用自动相关匹配算法在影像的规定点位(由量测模板定义)按照 EFP 空中三角测量平差的转点需求自动提取特征点,并将特征点自动匹配到相邻的影像上,从而自动创建初始的像点量测成果;二是接收交互编辑输出的单点量测结果,然后按照 EFP 空中三角测量平差的转点需求将其匹配到其他相邻影像上。

(3)交互编辑主要是编辑自动转点创建的像点网,确保像点分布满足连接规则,最终在保证像点网的连接强度的情况下提供精确可靠的像点量测成果。因此,交互编辑需要实现的功能包括像点管理,分屏量测,立体量测,测区信息显示四个子功能。在交互编辑中,测区信息显示包括工程参数显示、影像漫游显示、像点分布显示和量测结果输出四个部分。其中,工程参数显示主要负责显示工程中的影像列表和控制点信息(缺省情况下没有);影像漫游用来显示用户选择(在工程参数显示界面下选择)影像,需要支持大影像的快速漫游,同时在影像中还需要显示 EFP 扫描线、标准点位和影像中已经量测的像点、控制点,向操作人员提供查找、添加和删除像点的操作;像点分布显示用来显示区域中每一条轨道的位置、控制点和连接点的分布,使操作人员对于测区数据情况能够一目了然;量测结果输出子模块主要用来输出工程的像点量测成果,供空中三角测量平差软件进行空中三角测量平差。

3. 业务流程

像点量测的业务流程如图 10.4 所示。

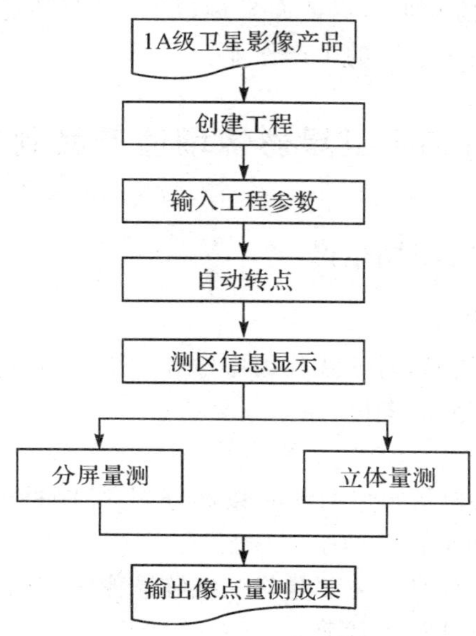

图 10.4　像点量测流程

在参数设置模块中建立空中三角测量工程，输入 1A 级卫星影像产品，建立影像列表（含影像参数），输入控制点数据（可选）、获取量测模板参数；然后启动自动转点快速创建测区的像点网；然后对自动转点结果进行人工或者半自动编辑，最后输出像点量测成果供空中三角测量平差软件使用。

10.4.2　EFP 光束法平差

1. 主要任务

主要任务是采用 EFP 光束法平差的思想，根据初始外方位元素数据、量测的像点坐标等，精确计算摄影区域的外方位元素列及地面加密点地心坐标。

2. 功能组成

EFP 光束法平差主要包括外方位元素列计算和加密点坐标计算两部分。

（1）外方位元素列计算。主要是根据初始外方位元素数据、量测的像点坐标，精确计算摄影区域的外方位元素列。

（2）加密点坐标计算。主要是根据加密点的像点量测坐标，利用平差后的外方位元素，计算其地面坐标。

3. 业务流程

EFP 光束法平差的业务流程：首先，通过工程管理软件，接受作业指示，并从工程管理软件指定的目录中提取卫星参数数据、精密定轨和精密定姿的计算结果数据及像点量测数据;在此基础上进行摄影条带的平差计算,提供摄影区域影像在规定时刻的外方位元素值和加密点地面坐标;最后将控制定位结果存储在工程管理软件指定的目录中,用于后序的生产作业。

§10.5 卫星影像增值产品制作

10.5.1 1B 级影像产品生产

1. 主要任务

采用影像立体分割技术,对三线阵大影像和空中三角测量平差的计算成果,实施配套分割,形成 1B 级卫星影像产品。

2. 功能组成

1B 级卫星影像产品包括影像与定向数据分割、控制格网点数据生成、RPC 参数计算及 1B 级卫星影像编目等四个部分。

(1)影像与定向数据分割。主要是将三线阵影像相应的外方位元素列,按照分景影像的大小要求,进行分割和裁剪。

(2)控制格网点数据生成。主要是利用分割的影像和外方位元素列,生成密集均匀的控制格网点坐标。

(3)RPC 参数计算。主要是利用控制网格点地面坐标和相应像点坐标,采用最小二乘平差原理计算生成 RPC 系数。

(4)1B 级影像编目。主要是对 1B 级影像产品进行 10∶1 降采样,得到浏览图,对浏览图进行 10∶1 降采样,得到拇指图。输出浏览图、拇指图与元数据文件。

3. 业务流程

1B 级卫星影像产品制作业务流程为:

(1)进行三线阵影像分割。

(2)按照分割的影像对应的摄影时刻,分割外方位元素列。

(3)按照分割后影像对应的地面范围,自动生成规则的空间格网。

(4)利用区域网平差后的外方位元素自动生成控制格网对应的像点坐标。

(5)对有理函数模型进行线性化,并确定误差方程系数矩阵。

(6)利用最小二乘平差原理,计算 RPC 参数。

(7)产品编目。

流程图如图 10.5 所示。

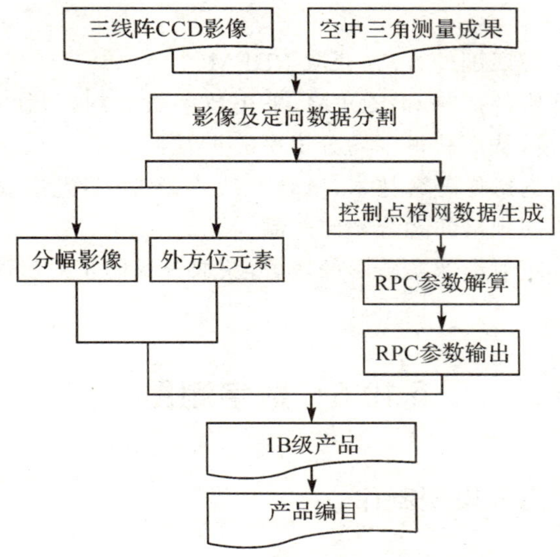

图 10.5　1B 级卫星影像产品制作业务流程

10.5.2　3B 级影像产品生产

1. 主要任务

对条带的三线阵影像采用影像匹配的方法快速生成 RDEM，然后利用 RDEM 和平差计算后的影像外方位元素对三线阵影像进行数字微分纠正，再与高分辨率影像及多光谱影像融合，从而得到不同规格的正射影像及融合产品。

2. 功能组成

1B 级卫星影像产品包括 RDEM 生成、正射影像生成、影像融合，以及正射影像裁剪等四部分。

(1)RDEM 生成。利用影像匹配的方法，从三线阵 CCD 数字影像中提取 DEM。

(2)正射影像生成。利用定向数据及 DEM，对卫星三线阵数字影像数据进行数字微分纠正，生成正射影像。

(3)影像融合。把多个不同模式的影像传感器获得的同一场景的多幅影像或同一传感器在不同时刻获得的同一场景的多幅影像合成为一幅影像。

(4)正射影像裁剪。对生成的正射影像，根据标准图幅或指定的范围进行裁剪、分幅输出。

3. 业务流程

3B 级卫星影像产品制作技术流程如图 10.6 所示。

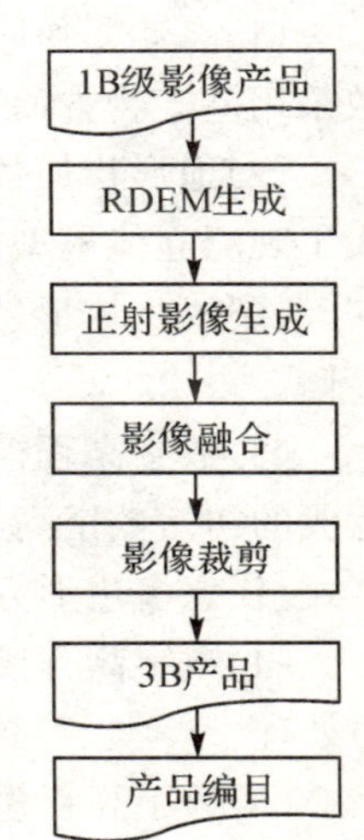

图 10.6　3B 级卫星影像产品制作流程

具体步骤为：

(1)基于正射影像匹配的方法，获取 RDEM。

(2)利用空三加密的成果和 RDEM，采用数字微分纠正，纠正三线阵影像、多光谱及高分辨率影像，从而获得不同分辨率的正射影像。

(3)利用像素级的影像融合技术，融合三线阵影像、多光谱以及高分辨率影像的正射影像，获得不同规格的融合影像产品。

(4)对融合后的正射影像实施影像裁剪，获取分幅的正射影像和 RDEM。

(5)产品编目。

§10.6 数字测图

10.6.1 数字高程模型制作

1. 主要任务

通过三线阵卫星影像的并行匹配获得密集离散点，或基于分布式摄影测量通用平台人机交互采集地形特征数据，并自动构建初始数字高程模型；然后采用人机界面交互式编辑生成的初始数字高程模型，最后再将编辑后的多个数字高程模型拼接为大范围的整体数字高程模型数据。

2. 功能组成

数字高程模型制作包括自动影像匹配、地形特征数据采集、数字高程模型编辑、数字高程模型拼接、数字高程模型质量检查等五部分。

(1)自动影像匹配功能根据三线阵影像组成的立体影像模型，按预先设置的参数采用基于物方面元的多视最小二乘影像匹配方法获得密集离散点。

(2)地形特征数据采集功能基于外方位元素列(或 RPC 参数)立体模型，采用人工观测立体模型方式，按地物特征采集主要的道路、森林边界、地形突变线(陡砍、断裂线)、地形特征线、地形特征点和等高线等地形数据，并按照要求的格式存储。

(3)数字高程模型编辑功能对由地形特征数据采集功能和自动影像匹配功能生成的初始数字高程模型进行在线立体模型编辑和修正，可以采用逐点方式、矩形方式、任意多边形方式、断面方式等进行。

(4)数字高程模型拼接功能将分块的数字高程模型按几何位置进行拼接和接边处理。

(5)数字高程模型检查功能检查拼接后数字高程模型整体精度与细节质量。

3. 技术流程

数字高程模型制作技术流程如图 10.7 所示。

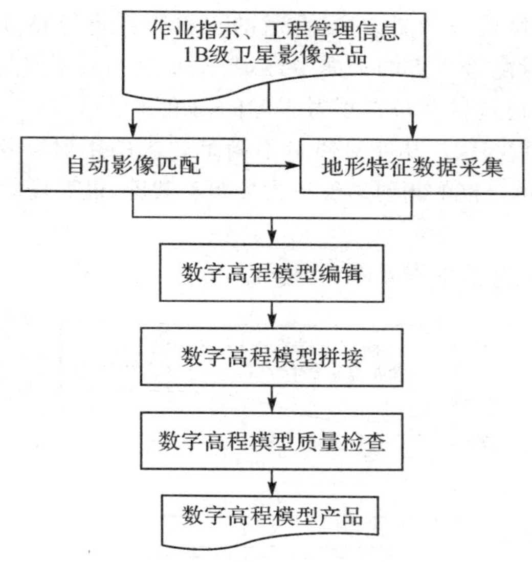

图10.7 数字高程模型制作技术流程

数字高程模型业务流程根据1B级卫星影像产品和工程管理信息，通过对三线阵卫星影像的自动并行匹配或分布式摄影测量通用平台人机交互采集两种方式构建初始数字高程模型；然后采用人机界面交互式编辑，进而获得高精度数字高程模型产品。其输入数据为1B级卫星影像产品、工程管理信息及作业指示，输出为不规则三角网和格网型的数字高程模型产品。

10.6.2 数字影像图制作

1. 主要任务

利用数字高程模型和1A级卫星影像的辅助测量数据或1B级卫星影像产品的定向参数，对卫星影像进行数字微分纠正。然后将纠正后的正射影像进行融合，生成融合影像。再将相邻的融合影像或纠正影像通过自动无缝镶嵌拼接成大的正射影像。对正射影像进行质量检查和精度评定，对不满足要求的影像进行编辑，对满足要求的影像按图幅进行分幅和裁剪，最后输出。

2. 功能组成

数字影像图制作包括影像纠正、影像融合、影像自动镶嵌、正射影像精度检查、正射影像编辑与输出等五部分。

(1)影像纠正功能利用数字高程模型和1A级卫星影像的辅助测量数据或1B级影像产品的定向参数，对卫星影像进行数字微分纠正。

(2)影像融合功能采用多种影像融合方法，对多波段正射影像进行融合。

(3)影像自动镶嵌功能将相邻的正射影像进行无缝拼接，拼接成大的正射影像。

(4)正射影像精度检查功能,对融合后的正射影像进行精度检查,检查方式主要是在正射影像上量测检查点的平面坐标,与检查点的真实坐标进行比较,从而评定正射影像的精度,通过目视检查正射影像的精度和质量。

(5)正射影像编辑与输出功能对质量不满足要求的正射影像,通过人机交互的方式进行编辑;对质量合格的正射影像进行分幅和裁剪,最后输出数字影像图产品。

3. 技术流程

数字影像图制作技术流程如图 10.8 所示。

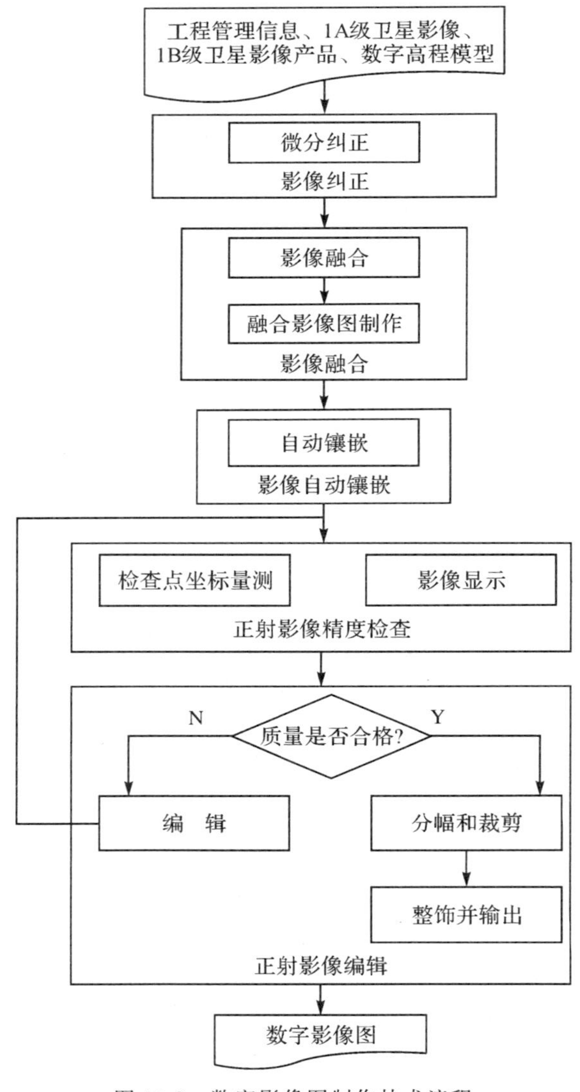

图 10.8 数字影像图制作技术流程

根据作业指示，将数字高程模型和 1A 级卫星影像的辅助测量数据或 1B 级卫星影像产品的定向参数对卫星影像进行微分纠正；对纠正后的正射影像通过影像融合技术进行融合；然后将相邻的纠正影像通过自动无缝镶嵌拼接成大的正射影像；最后对融合影像进行质量检查和精度评定，并按图幅进行输出。

10.6.3　数字地形图制作

1. 主要任务

利用立体三线阵影像和对应定向数据在摄影测量通用平台上构建立体模型实现卫星影像的立体显示和快速漫游；在手轮和脚盘等设备支持下进行人工或半自动立体量测，并结合野外调绘资料进行立体判绘，完成几何数据采集和地物属性分类，地物属性通过数据属性代码与地图符号关联，实现几何数据图形化显示。在网络化的生产模式下由软件实现矢量数据的自动在线接边或离线接边，提高生产效率。

2. 功能组成

数字地形图制作包括传感器几何模型、立体影像漫游、设备管理、符号库制作、矢量数据采集、矢量数据编辑、网络接边功能、矢量导入与矢量导出、质量检查等九个部分。

(1)传感器几何模型主要由物方投影和空间前方交会子功能组成，分别实现物方与像方之间的双向转换。

(2)立体影像漫游实行立体影像的显示和漫游，由影像信息读取子功能、参数设置子功能、OpenGL 立体影像子功能、红绿立体影像子功能和分屏立体影像子功能组成。

(3)设备管理提供对多种测图硬件设备的管理与设置，可进行设备参数设置、设备功能键定义、设备信号获取等。

(4)符号库制作提供用户定制所需地图符号的功能，以便在数字地形图制作软件中使用这些符号生产符合具体要求的原图，主要包括图元符号的定制和复杂符号的定制子功能。

(5)矢量采集是指在立体影像漫游、硬件设备管理和传感器几何模型的支持下利用人机交互实现地物地貌特征的采集。由手工量测和辅助量测子功能组成。

(6)采集完的矢量数据不能满足数字地形图的要求，需要进行人工编辑，矢量编辑包括图形编辑。

(7)在网络环境下，矢量接边不再需要按照传统的手工接边方式，而是由软件通过网络数据交换和共享实现矢量自动实时接边，主要包括在线接边和离线接边子功能。

(8)矢量导入是将其他软件的矢量数据引入数字地形图制作软件中实现矢量数据的共享，达到减少矢量采集工作量的目的，包括 DXF 引入和图示符号引入子功能;矢量导出是将数字地形图制作软件的内部矢量数据转换成其他软件格式矢量数据,实现其他软件与本软件数据的共享,包括 DXF 导出和图示符号导出子功能。

(9)质量检查在立体条件下检查等高线的正确性,并给予质量评价。

3. 技术流程

数字地形图制作技术流程如图 10.9 所示。

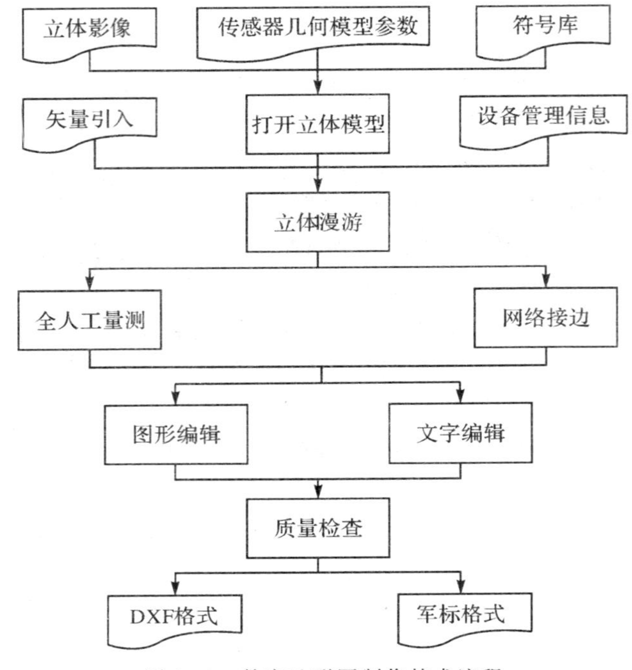

图 10.9 数字地形图制作技术流程

从工程管理软件中获取 1B 级卫星影像产品,同时读取立体像对定向参数,初始化传感器几何模型,读取卫星影像和漫游参数进行软件环境初始化,并装载立体影像。在摄影测量通用平台硬件设备支持下对立体影像进行漫游,以人工交互的方式采集、编辑数字地形图。生产过程中,可选择将已有的其他格式的矢量数据通过矢量导入功能引入,减少矢量采集工作量。同时,软件按照网络接边信息实现自动的网络矢量接边,减少人工接边的繁杂工作。最后对不合格的矢量进行图形和文字编辑以满足规定的作业规范要求,最终形成本软件内部格式的数字地形图。

10.6.4 地物判读与地形图修测

1. 主要任务

主要任务是整合已有的地形图数据、正射影像数据和数字高程数据进行单片和立体两种模式下的地物要素的判读与更新,在进行地物属性和图形编辑修测的同时进行修测成果的几何一致性、逻辑一致性和拓扑一致性的检查，使得判读成果满足质量规范的要求，最后能够按照要求进行成果数据的导出和成果数据的图形整饰。

2. 功能组成

地物判读与地形图修测包括数据准备与管理、影像数据处理工具、方案制定与配置、平面判读与修测、立体判读与修测、数据检查与质量控制、系统配置、产品制作和数据转换等九个部分。

(1)数据准备与管理将用于判读和地形图修测的资料以工程的方式进行管理，实现以图幅或区域范围内多源数据的整合管理和分析，为地物判读和地形图修测提供一个多源数据管理和读取环境。

(2)影像数据处理工具包括基本的影像处理功能，使影像数据能方便地用于辅助地物判读和地形图修测。

(3)方案制定与配置根据地物判读和地形图修测的规范，进行地物判读和地形图修测的地物层、地物类、地物小类、地物代码、地物属性、符号、颜色、线型的进行配置，对配置的方案进行保存和管理。

(4)平面判读与修测基于高分辨率的卫星影像、多光谱影像以及融合的影像进行地物的判读识别，通过与已有的地图数据叠加进行地物要素的修测。

(5)立体判读与修测基于获取的三线阵立体影像数据，实现地物要素在立体环境下的判读和地形图修测。

(6)数据检查与质量控制对立体判读和修测的成果进行质量检查和质量控制，对判读的成果进行几何一致性、拓扑一致性和属性一致性检查和接边检查，使得判读的成果符合质量规范的要求。

(7)系统配置根据作业的实际需要和作业员的习惯对一些系统参数、环境参数、判读与地形图修测参数进行配置。

(8)产品制作按军标地形图的产品规范要求，提供进行图廓整饰和注记标注的工具，对成果进行打印输出。

(9)矢量数据转换主要完成将已有待修测数据转换到本系统中，同时将本系统判读和地图修测的成果转换成其他的数据格式。

3. 技术流程

地物判读与地形图修测技术流程如图 10.10 所示。

基于天绘一号获取的多数据源的遥感影像数据，首先对影像数据进行加工处理，数据转换和数据准备与管理，建立以图幅或区域为单元的空间数据集，在此基础上进行综合判读与地形图修测。

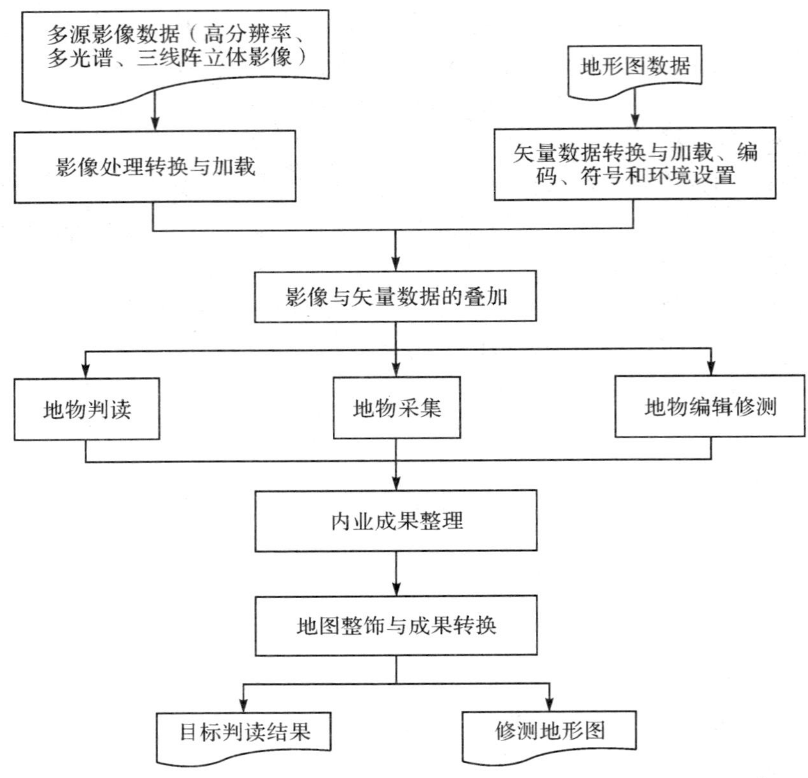

图 10.10 地物判读与地形图修测技术流程

第 11 章　摄影参数与影像特性检测

§11.1　概　述

摄影参数与影像特性检测系统是天绘一号卫星地面应用系统的重要组成部分，主要任务是对卫星搭载的三线阵 LMCCD 相机的摄影测量参数进行在轨动态检测；对三线阵 LMCCD 相机、多光谱相机和高分辨率相机进行在轨辐射标定；对三线阵 LMCCD 相机、多光谱相机和高分辨率相机所获取影像的分辨率和调制传递函数（modulation transfer function，MTF）进行检测，以保障后续各类数据产品的精度和可靠性。具体包括：

（1）根据卫星运行状态，规划摄影参数与影像特性检测任务。

（2）对卫星摄影系统的摄影测量参数进行在轨动态检测。

（3）对三线阵 LMCCD 相机、多光谱相机和高分辨率相机进行在轨辐射标定。

（4）对三线阵 LMCCD 相机、多光谱相机和高分辨率相机所获取影像的分辨率和 MTF 进行检测。

（5）具有机动采集辐射标定信息和靶标快速布设能力。

（6）建立数字化地面检定试验场。

（7）获取并处理卫星摄影系统地面标定数据，生成初始摄影系统参数文件。

（8）将处理后的摄影系统参数文件提交数据管理服务系统。

（9）对本系统运行状态进行监控，向任务规划系统提交本系统的运行状态信息。

根据系统的设计指标和性能要求，摄影参数与影像特性检测系统主要包括任务管理、信息采集、数据处理、数据管理等四个分系统。

§11.2　任务管理

11.2.1　主要任务

任务管理分系统的主要任务是根据卫星运行状态，规划摄影参数与影像特性检测任务，制订生产作业计划，并下达任务指令，监控本系统运行过程。

11.2.2　功能组成

任务管理分系统包含任务调度、任务处理和任务监控三个组成部分，实现本系统与外部系统的联系，以及完成系统内部的任务指挥、控制调度以及监控工作。主要包括：

（1）能够根据卫星轨道预报数据，编制摄影测量参数检测、辐射特性参数检测、分辨率与 MTF 检测的工作计划指令。

（2）向系统内其他分系统下达任务指令，调度系统内其他分系统的业务运行。

（3）接收各分系统发送的指令应答信息，对系统内各分系统业务运行状态进行监视，并据此制订下一步的计划。

（4）向任务规划系统上报本系统的业务运行状态。

11.2.3　业务流程

任务管理分系统的业务流程如图 11.1 所示。

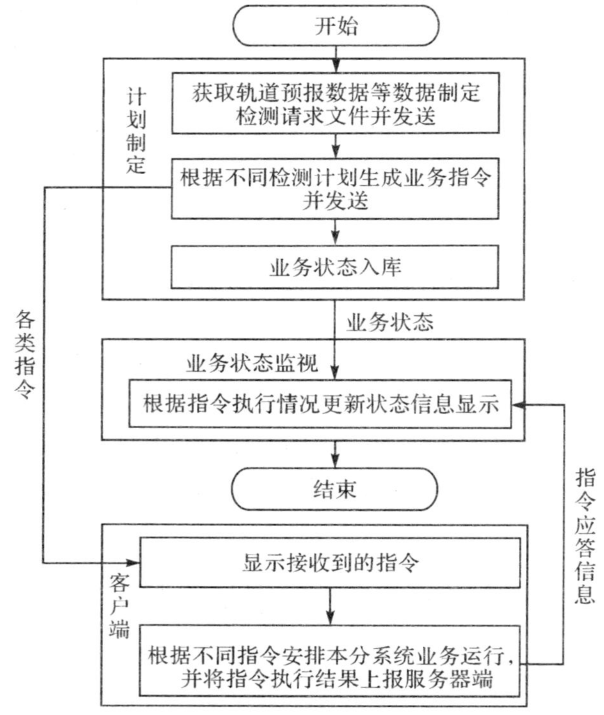

图 11.1　任务管理分系统业务流程

任务管理分系统由任务管理软件服务器端、任务管理软件客户端组成，任务管理软件服务器端、任务管理软件客户端均为独立运行程序。具体实现方式为任务管理软件客户端运行于各分系统任务软件的计算机台位，接收任务管理软件服务器端发送的指令信息并做出指令应答；任务管理软件服务器端则负责与数据管理服务系统进行数据交互,发送指令信息到相应的业务软件计算机台位,并将系统的业务运行状态信息上报任务规划系统。

§11.3　数据管理

11.3.1　主要任务

数据管理分系统的主要任务是负责整个系统内原始数据、信息采集数据以及最终成果数据的存档管理;同时负责与数据管理服务系统的数据交换。

11.3.2　功能组成

数据管理分系统由身份验证、数据入库、数据删除、数据浏览及数据输出等五个功能模块组成。主要功能包括:

(1)管理数字化试验场的全部数据,包括航空影像数据、地面控制点数据、像片外方位元素及影像元数据等。

(2)管理进行检测所需的卫星原始影像数据(0、1 级产品)及其辅助测量数据。

(3)管理采集分系统所获取的全部原始信息。

(4)管理数据处理分系统所获取的各类成果数据,包括摄影参数检测数据、影像特性检测数据、分辨率与 MTF 检测数据。

11.3.3　业务流程

数据管理分系统业务流程如图 11.2 所示。

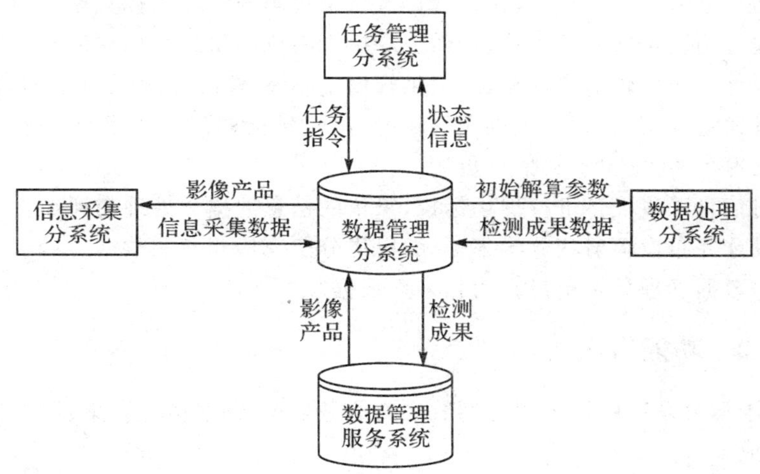

图 11.2　数据管理分系统业务流程

（1）接收任务管理分系统发送的数据接收指令，接收数据管理服务系统发送的卫星影像产品并进行存储，向任务管理分系统发送状态信息。

（2）接收任务管理分系统发送的数据分发指令，向信息采集分系统发送相应的卫星影像产品，向任务管理分系统发送状态信息。

（3）接收任务管理分系统发送的数据接收指令，接收信息采集分系统发送的像点坐标、控制点坐标、辐射采集信息、检测参照布设信息等信息采集数据，向任务管理分系统发送状态信息。

（4）接收任务管理分系统发送的数据分发指令，向数据处理分系统发送相应的初始解算参数，向任务管理分系统发送状态信息。

（5）接收任务管理分系统发送的数据接收指令，接收数据处理分系统发送的摄影测量参数、影像辐射特性以及分辨率等检测成果数据，向任务管理分系统发送状态信息。

（6）接收任务管理分系统发送的数据提交指令，向数据管理服务系统提交检测成果，向任务管理分系统发送状态信息。

§11.4 信息采集

11.4.1 主要任务

信息采集分系统的主要任务包括：

（1）接收任务管理分系统下达的信息采集指令。

（2）设计并建立数字化试验场，提供摄影测量参数检测所需的控制点数据。

（3）通过立体量测像点，提供试验场区域卫星影像像点坐标数据。

（4）通过精密定轨定姿计算，提供卫星摄影时刻的摄站坐标与姿态数据。

（5）设计并布设辐射定标靶标，提供辐射定标及 MTF 检测参照数据。

（6）辐射定标信息采集，提供大气辐射特性、靶标（背景）光谱反射率、靶标（背景）方向反射分布、气象参数信息数据。

（7）对信息采集设备进行现场标校，采集的信息数据预处理与评估。

（8）设计并布设辐射状分辨率靶标，提供分辨率检测参照数据。

（9）向数据管理分系统提交信息采集数据。

11.4.2 功能组成

信息采集分系统由摄影测量参数检测信息采集、辐射信息采集、检测参照等三个部分组成。

（1）摄影测量参数检测信息采集完成像点坐标量测以及相应地面点空间坐标

采集、摄影瞬间传感器的位置以及姿态数据的采集等，为摄影测量参数检测提供必需的解算数据。

(2)辐射信息采集是在外场完成各类辐射信息采集，为辐射特性以及影像分辨率检测提供必需的解算数据。

(3)检测参照主要针对各种检测任务的不同特点，设计具有针对性的参照信息，为各类初始数据的获取提供标准参考信息。

11.4.3　业务流程

1. 摄影测量参数检测信息采集流程

摄影测量参数检测信息采集业务流程如图 11.3 所示。

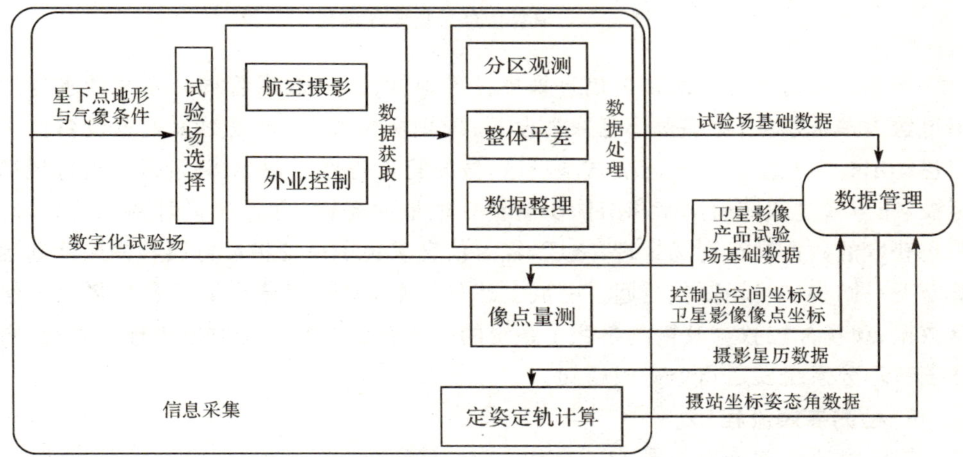

图 11.3　摄影测量参数检测信息采集业务流程

在分析星下点地区地形条件及气象信息的基础上，选择大小约 100 km×600 km的区域作为试验场；采用国内现有航空数据为主、航空摄影补拍为辅等手段，获取试验场影像资料，之后进行外业测量，获取地面控制点数据；对试验场数据进行分区观测、区域网整体平差及数据成果整理，将试验场基础数据提交数据管理分系统，完成试验场建设。

接到任务管理分系统下达的信息采集指令后，从数据管理分系统获取卫星影像产品、配套的试验场基础数据，以及摄影星历数据，进行像点量测(包括卫星影像像点量测、控制点数据获取)和精密定轨定姿计算，得到卫星影像坐标、空间坐标、摄站坐标和姿态角数据，提交数据管理分系统。

2. 辐射信息采集流程

辐射信息采集业务流程如图 11.4 所示。

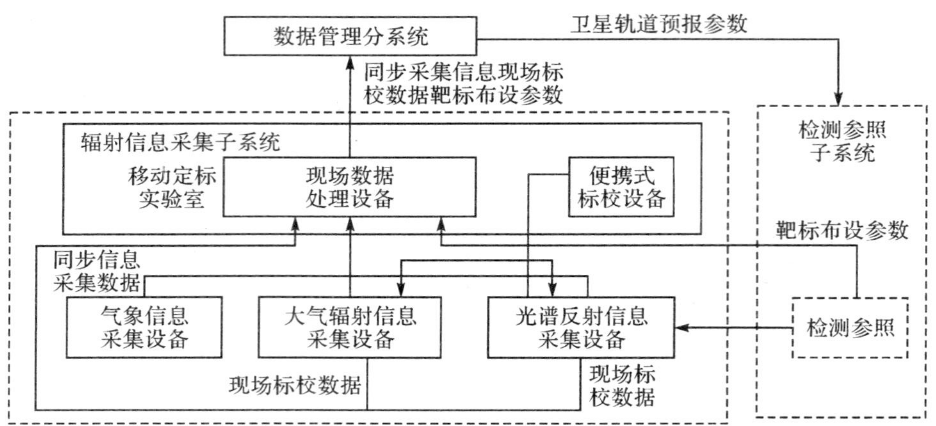

图 11.4 辐射信息采集业务流程

接到任务管理分系统辐射信息采集任务通知后，向数据管理分系统请求领取卫星轨道预报参数，将辐射信息采集设备、现场标校设备、现场数据处理设备按时由移动定标实验室运输至同步试验场区，按时将设备展开，并对测量设备进行现场标校，在卫星过顶前后同步和准同步测量获取地面靶标、背景的辐射特性信息，对采集获取的数据进行现场处理，之后，辐射信息采集子系统将设备撤收并按计划运输至下一同步试验场区或返回。完成上述任务后，辐射信息采集子系统将采集信息数据、现场标校数据及检测参照子系统的靶标布设参数提交数据管理分系统，向任务管理分系统发送指令完成通知。

3. 检测参照流程

检测参照业务流程如图 11.5 所示。

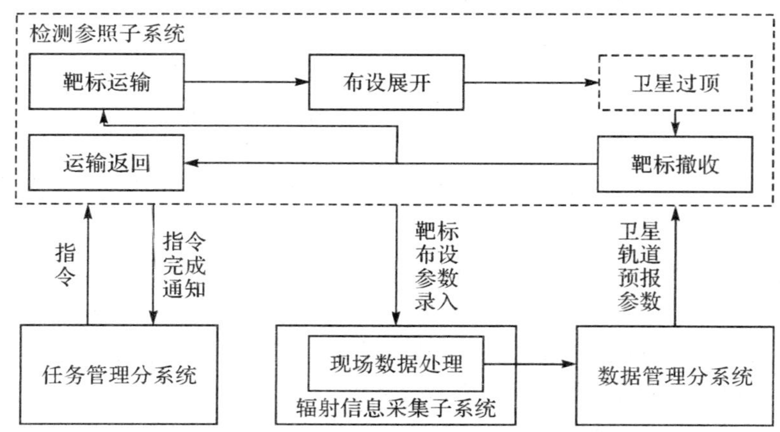

图 11.5 摄影测量参数检测信息采集业务流程

接到任务管理分系统靶标布设任务通知后，向数据管理分系统请求领取卫星轨道预报参数，将靶标、靶标附属设备按时运输至指定的同步试验场区，按时将辐射检测靶标、辐射状分辨率检测靶标依次布设展开，记录实际布设几何参数，并录入辐射信息采集子系统的现场数据处理计算机，卫星过顶之后(三线阵后视相机完成靶标观测)，撤收靶标并按照任务要求运输至下一同步试验场区或返回，并向上级报告任务完成，并由辐射信息采集子系统将布设参数数据提交数据管理分系统。

§11.5　数据处理

11.5.1　摄影测量参数检测

1. 主要任务

摄影测量参数检测的主要任务是采用利用 LMCCD 影像及试验场数据，精确解算卫星在轨运行期间的三线阵 CCD 相机主距、交会角、星地相机之间的夹角等摄影测量参数。

2. 功能组成

摄影测量参数检测由数据输入、数据处理和数据输出等三个部分组成。

(1)数据输入完成初始摄影系统参数、精密定轨和定姿、像点量测等数据的输入，并具备工程建立和保存、文件内容浏览等功能。

(2)数据处理具备输入数据检查和数据解算功能。

(3)数据输出模块具备输出数据检查和自选路径存放功能。

3. 业务流程

摄影测量参数检测业务流程如图 11.6 所示。

从数据管理分系统获取摄影测量参数检测所需的各类输入数据后，对其进行数据格式转换、数据重组等数据处理，然后按检测要求进行顺序输入，最后按摄影测量的相关原理与方法进行参数计算，对计算后的参数进行正确性检查，提交数据管理分系统进行管理。

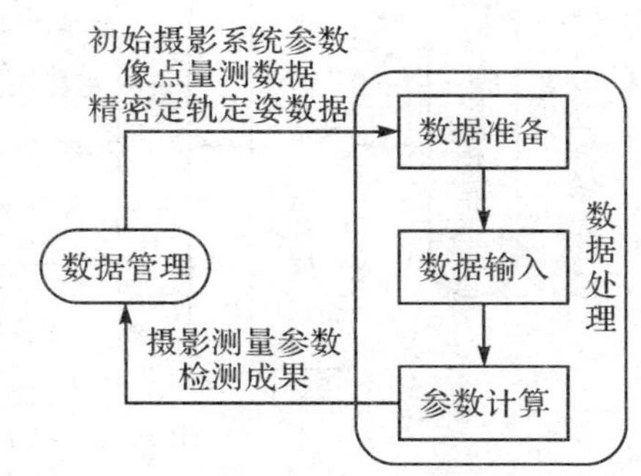

图 11.6　摄影测量参数检测业务流程

11.5.2　辐射特性参数检测

1. 主要任务

辐射特性参数检测主要针对卫星有效载荷系统的三线阵相机、多光谱相机及高分辨率相机所获取影像的辐射特性进行试验场标定，包括相对辐射标定和绝对辐射标定。

2. 功能组成

摄影测量参数检测由辐射测量数据处理、绝对辐射定标参数及响应线性检测、相对辐射定标参数检测等三个部分组成。

(1)辐射测量数据处理主要是接收信息获取分系统提供的各辐射测量仪器的原始测量数据，通过相应的计算处理，获得卫星过顶(影像拍摄)时靶标与场地的光谱辐射特性(强度、方向)及大气光学特性，为辐射特性检测提供所需要的场地与靶标在相机观测方向的波段反射率、大气光学厚度、直射与漫射辐照度比等数据。

(2)绝对辐射定标参数及辐射响应线性检测的过程是接收在轨检测同步与准同步试验获取的靶标、场地及大气光学特性数据，通过大气辐射传输计算得到靶标与场地在相机入瞳处的辐亮度，并与相机获取的靶标与场地影像进行综合分析处理，得到相机的绝对辐射定标系数、辐射响应线性和动态范围。

(3)相对辐射定标参数检测是利用卫星影像中的均匀地物区，根据相机成像方式进行相机各探测元的相对辐射定标系数计算，并通过与发射前相机的相对定标参数、星上定标器的定标结果进行比对分析，评估相对定标计算结果。

3. 业务流程

(1)辐射测量数据处理流程。

辐射测量数据处理流程如图 11.7 所示。

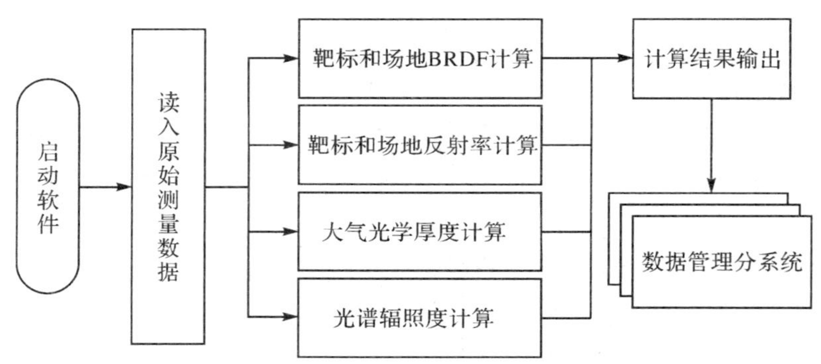

图 11.7　辐射测量数据处理流程

根据现场测量质量检验的需要或现场测量完成后的数据处理要求启动程序，操作者根据需要分别启动靶标及场地反射率计算、靶标 BRDF 计算、大气测量参数计算等功能，并按程序提示进行相应的参数选择或输入，程序按照操作者提供的原始测量文件路径读取测量数据进行计算，计算结果以曲线或表格显示并按约定的格式以数据文件形式存储和提交数据管理分系统。

(2)绝对辐射定标参数检测数据处理流程。

绝对辐射定标参数检测数据处理流程如图 11.8 所示。

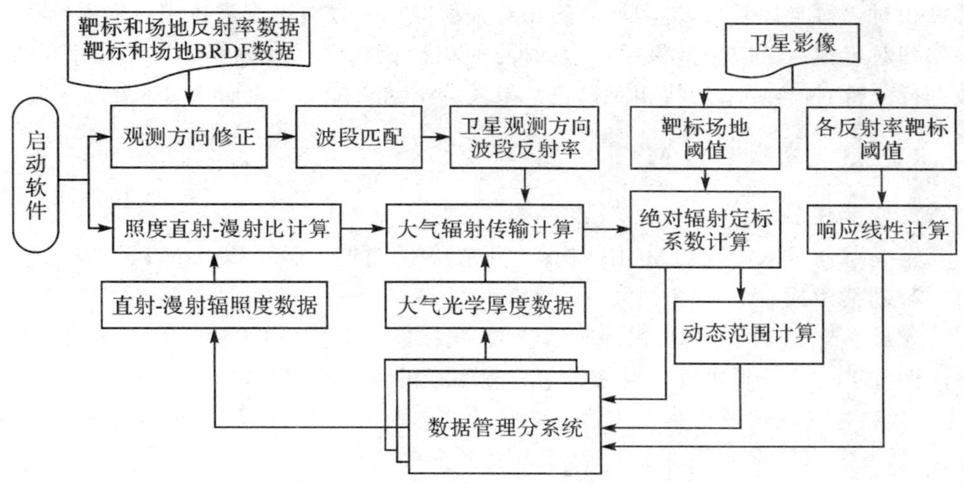

图 11.8　绝对辐射定标参数检测数据流程

启动程序,人工输入同步试验的日期、靶标布设地点(经纬度)等信息,程序从数据管理分系统获取相应的靶标和场地光谱反射率、靶标和场地辐射的方向特性、大气光学厚度、直射-漫射辐照度比,以及气象参数、卫星轨道、卫星过顶时间、相机观测天顶角、相机波段等数据,计算靶标和场地在相机入瞳处的表观辐亮度;从数据管理分系统获取靶标及场地的卫星影像产品,提取影像中的靶标和场地数据进行统计分析;根据辐射响应公式计算相机的辐射定标系数,根据发射前的辐射定标参数和历史定标结果对绝对辐射定标结果和辐射响应线性计算结果进行分析评估,结果提交数据管理分系统。

(3)相对辐射定标参数检测处理流程。

相对辐射定标参数检测处理流程如图 11.9 所示。

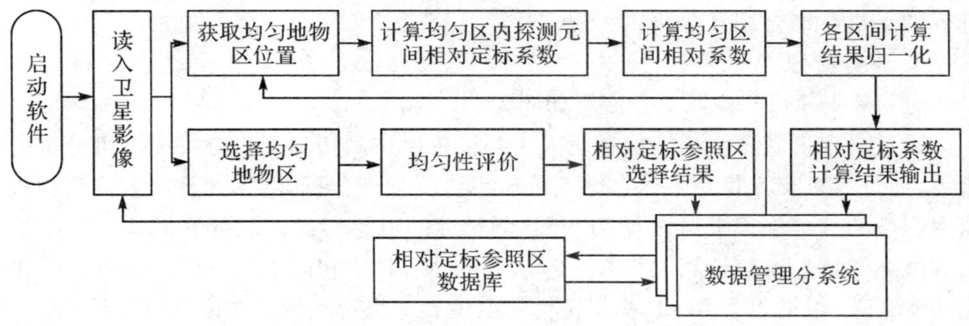

图 11.9　相对辐射定标参数检测处理流程

启动相对辐射定标参数检测程序，从相对校正参照数据库中提取均匀地物区的地理位置信息，从数据管理分系统获取卫星影像产品，根据影像中的均匀地物区计算相对辐射定标系数，应用计算的相对辐射定标系数对影像进行相对辐射校正，根据相对定标系数应用结果，结合发射前的相机相对定标参数及历史相对定标参数进行分析，符合要求后将相对校正结果及分析结果提交数据管理分系统。

11.5.3 分辨率与MTF检测

1. 主要任务

完成高分辨率相机、LMCCD相机、多光谱相机的分辨率，以及MTF检测。

2. 功能组成

分辨率与MTF检测由靶标区域选取、靶标像元采样、刃边法计算MTF、脉冲法计算MTF、可分辨边界提取和影像分辨率分析等六部分组成。

(1)靶标区域选取。根据刃边法和脉冲法的要求选取计算所需的靶标区域，计算高、低反射率靶标的平均灰度、线靶标背景的平均灰度。

(2)靶标像元采样。按照刃边法和脉冲法的要求从目标区中提取刃边和线状靶标的位置信息，并按计算要求采样。

(3)刃边法计算MTF。通过对刃边靶标的剖面廓线进行拟合、微分、快速傅里叶变换(FFT)，得到MTF曲线。

(4)脉冲法计算MTF。通过对线状靶标的剖面廓线进行快速傅里叶变换，根据线状靶标布设宽度构建方形脉冲函数并进行快速傅里叶变换，相除得到MTF曲线。

(5)可分辨边界提取。通过显示含有辐射状靶标的卫星图像，人工判读在图像上标记辐射状靶标的圆心、靶标上可分辨与不可分辨的边界，计算圆心至可分辨边界的距离。

(6)影像分辨率分析。根据地面布设靶标的玄径比几何关系、圆心至可分辨边界的距离，以及靶标端点玄长计算图像的分辨率，得到相机的分辨率，结合MTF计算结果进行综合统计分析。

3. 业务流程

分辨率与MTF检测业务流程如图11.10所示。

通过对辐射状靶标的图像进行人工判读依次得到图像上可分辨或不可分辨的边界，通过人机交互将相关信息输入分辨率检测软件分析处理，计算出被检测相机获取影像的分辨率。根据含有MTF检测靶标的卫星影像产品计算图像MTF，根据大气光学特性参数计算大气MTF，从图像MTF中扣除大气MTF从而得到相机的MTF。根据包含MTF检测靶标的卫星影像进行相机分辨率计算与检测。

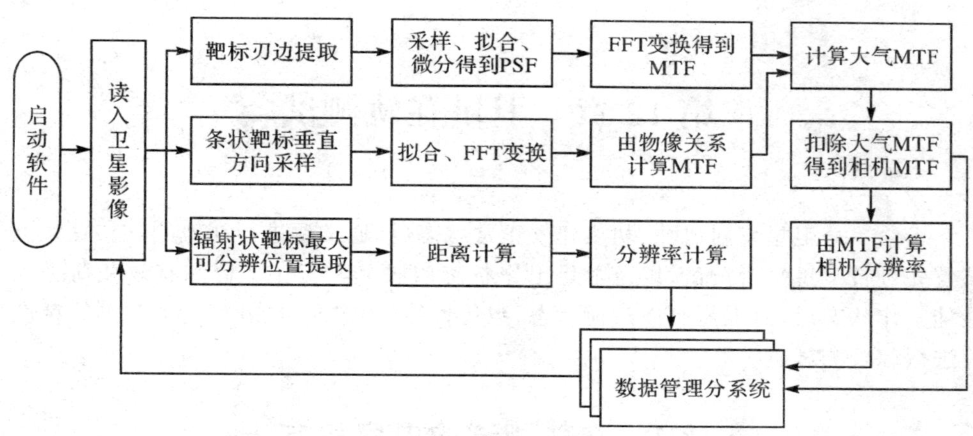

图 11.10　分辨率与 MTF 检测业务流程

第 12 章　卫星在轨测试

天绘一号卫星发射成功、初步建立正常状态后，通常要进行在轨测试。在轨测试首先进行卫星平台测试，以及卫星工作状态调试、建立，在平台和有效载荷进入最佳工作状态后，对卫星有效载荷状态、数传性能、影像质量、处理能力和测绘精度等进行综合测试。

§12.1　在轨测试的内容和方法

12.1.1　卫星控制分系统

卫星控制分系统执行工作程序，并按任务需求进入规定的工作模式。在完成这些任务和执行相应工作程序的过程中，评价其完成规定任务的能力，评价其主要功能和性能是否满足相应卫星设计要求。

1. 太阳翼跟踪太阳能力

太阳翼跟踪太阳的能力通过模拟太阳敏感器的遥测参数测定。

2. 姿态确定精度

姿态确定精度可参考卫星系统地面测试结果，以及卫星在轨指向精度是否满足指标要求进行评价。

3. 指向精度(含偏流角修正)

在星敏感器定姿方式下，通过有关姿态角遥测参数进行统计分析，评价指向精度。

4. 姿态稳定度

在星敏感器定姿方式下，对卫星姿态估值的遥测数据进行统计分析，从而评价姿态稳定度精度。

5. 卫星侧摆能力

在星敏感器定姿方式下，对遥测数据中卫星姿态绕 X 轴的变化量进行分析，评价卫星侧摆能力。

12.1.2　卫星热控分系统

根据遥测数据，检查卫星整星及各设备温度水平是否满足设计要求。

12.1.3　卫星结构机构分系统

卫星结构机构分系统主要负责检查卫星入轨后，太阳翼执行展开功能的正确性。

12.1.4　卫星电源分系统

该系统不单独安排测试项目，而是在电源分系统正常工作期间监测和分析其相应的功能和性能是否满足卫星的供电要求。

1. 一次电源主母线电压

根据一次电源主母线电压、负载电流、充放电电流等遥测数据，分析和评定主母线电压值的正确性。

2. 一次电源供电能力

根据卫星各种工作模式下的一次电源供电电压、电流的遥测数据，卫星光照区和地影区的供电电压、电流的遥测数据，分析和评定一次电源满足卫星用电需求的能力。

3. 电源设备工作状态检查

通过监测电源分系统在卫星各种正常工作模式、各种光照、地影条件下的工作状态数据，判定电源分系统的充、放电功能是否正常，以及太阳电池电路、分流器、蓄电池、放电调节器的工作状态是否正常。

12.1.5　卫星总体电路分系统

1. 控制分系统供电能力

通过总体电路分系统的控制分系统供电电压和供电电流遥测数据，判断其为控制分系统供电功能是否正常。

2. 载荷一区供电功能

通过分析载荷在不同工作模式下总体电路分系统的载荷一区供电电压和供电电流遥测数据，判断其为相机和数传分系统供电功能是否正常。

3. 载荷二区供电功能

通过分析载荷在不同工作模式下总体电路分系统的载荷二区供电电压和供电电流遥测数据，判断其供电功能是否正常。

12.1.6　卫星测控分系统

1. 测控信道功能

通过卫星过站时的卫星和测控系统上下行捕获、锁定情况评定卫星 S 波段扩频应答机的捕获、锁定功能。

2. 遥测功能

通过测控系统接收卫星遥测数据的接收情况，评定S波段扩频应答机下行信道是否满足地面测控系统的正常接收要求，根据地面接收的遥测数据判断星上各设备的工作状态。

3. 遥控功能

在测控地面站对卫星进行双向捕获及卫星S波段扩频应答机锁定后，通过地面测控系统向卫星发送遥控指令(包括间接遥控指令、直接遥控指令)及注入数据，根据卫星对遥控指令的接收和执行情况及遥测数据的相应变化，评定S波段扩频应答机上行信道是否满足地面测控系统对卫星控制的使用要求。

4. 中继信道功能

通过在中继卫星可见弧段内对卫星的上下行捕获、锁定情况评定中继卫星捕获、锁定功能。

5. 前向链路功能

通过中继卫星接收卫星遥测数据的接收情况，评定中继卫星前向链路是否满足正常接收要求，根据接收的遥测数据判断星上各设备的工作状态。

6. 后向链路功能

在中继卫星对卫星进行双向捕获锁定后，通过中继卫星向卫星发送遥控指令及注入数据，根据卫星对遥控指令的接收和执行情况及遥测数据的相应变化，评定中继卫星后向链路是否满足中继卫星对卫星控制的使用要求。

12.1.7 卫星星务管理分系统

1. 设备基本状态检查

通过遥测数据检查分系统各设备工作是否正常。

2. 实时遥测及延时遥测

通过下行遥测数据帧以及解包后的实时遥测数据、延时遥测数据，检查卫星下行遥测明态、密态时的帧格式、帧长、帧计数的连续性，测试各实时遥测包以及延时遥测包的正确性，包计数的连续性。

3. 卫星校时

卫星入轨后，卫星平台时间由测控系统对其进行集中校时、均匀校时和授时，并检查执行的正确性，地面根据遥测数据以及星地时差等对平台时间同步精度进行综合分析评价。

星上GPS系统工作正常后，进行GPS授时和GPS校时，通过遥测参数检查GPS授时执行的正确性和有效载荷时间与GPS时间的一致性。该指标参考有效载荷在地面试验测试的结果的综合评价。

4. 上行遥控及执行功能

测控系统注入直接指令、间接指令或注入数据，通过星务分系统的遥测参数判断指令执行及转发的正确性。

5. 广播数据调度管理功能

通过对影像辅助数据中的星敏、陀螺、GPS定位数据和GPS原始测量数据等进行检查，判断星务对各种广播数据调度管理功能是否正常。

12.1.8 三线阵CCD立体测绘相机分系统

1. 相机热控功能

根据遥测参数判断有效载荷相机温度遥测值和加热带工作状态。

2. 相机成像功能

首先检查相机工作状态，如相机在执行摄影任务时状态转换正确，说明相机系统工作正常。确认状态后，根据接收到的影像数据情况检查相机成像功能。选择获取的 n（$n>10$）景0级影像在图像处理软件中打开，与经过验证的正确的航空或卫星影像进行比较，目视检测前视、正视、后视相机，以及4个小面阵相机拍摄景物显示是否正确。

对于卫星侧摆状态下相机功能的测试，选择卫星最大侧摆状态下获取的 n（$n>10$）景0级影像来进行，其测试方法与正常状态下相同。

3. 相机内定标功能

在地影区，选择星下点为海面的区域进行成像，三线阵（含小面阵）相机工作于定标模式。地面应用系统根据遥测数据及定标影像数据，判断定标功能执行的正确性。地面应用系统将解码后的原始影像交卫星系统相机分系统研制单位进行处理，给出定标结果。

4. 相机调焦功能

卫星运行在降轨段时，三线阵（含小面阵）相机对星下点地面景物成像。根据已有影像数据及相机温度参数，确定调焦方向和调焦量。规划一轨调焦、成像交替工作六次，每次成像摄取影像5 000行。根据每次调焦的遥测信息确定焦面位置是否满足目标位置要求，分析判断影像数据，确定影像最清晰的一次摄像对应的调焦结果，作为当前焦面位置，在随后较近的适当圈次完成相机的调焦。根据遥测及调焦后的影像数据判断调焦功能正确与否，并根据调焦数据确定是否需要进一步调焦。

5. 相机增益调整功能

卫星运行在降轨段时，三线阵相机对星下点地面景物成像，每次成像摄取影像5 000行。查看相机分系统成像参数控制表，确定注入的增益值。判读分析影像数据，确定增益调整功能的正确性。

6. 成像系统调制传递函数

在实验室条件下，首先进行三线阵相机与测试系统（包括平行光管、双轴转台等测试设备）的对准调试，使三线阵相机 CCD 成像在平行光管焦面上。开启相机快视系统，通过相机的调焦机构调整方向和大小，采集对比度较好的图像，通过图像文件解算相机的调制传递函数（静态 MTF）。动态 MTF 检测的方法是获取地面靶标场影像数据后，利用 MTF 靶标和所获取卫星影像进行 MTF 检测。动态 MTF 检测结果可作为评价相机性能的参考。

MTF 计算采用两种方法：刃边法和脉冲法。刃边法是通过对包含刃边靶标的相机影像进行处理，首先通过区域选择获取刃边采样点数据，进而通过人机交互获取准确的边扩散函数曲线（ESF）；然后对 ESF 曲线进行处理，获得 MTF。脉冲法是通过对含有线状靶标的相机影像进行计算处理，首先通过区域选择获取线状地物采样点数据，拟合后得到平滑的输出脉冲廓线，然后对其进行处理和变换，获得 MTF。

7. 影像灰度量化位数

选择 $n(n>10)$ 景三线阵、$n(n>10)$ 幅小面阵 0 级影像，在 Matlab 和 BES 软件中打开，分析确定三线阵、小面阵影像灰度量化位数。

8. 线阵 CCD 有效像元数

选择 $n(n>10)$ 景 0 级三线阵影像进行像元统计，计算有效像元数。

9. 小面阵有效像元数

选择 $n(n>10)$ 幅 0 级小面阵影像进行像元统计，计算有效像元数。

10. 相机信噪比

选择地面反射率 0.3 左右的大面积均匀地物区域，在太阳高度角 30°条件下进行成像，地面应用系统对所获取影像中的均匀地物区进行统计分析，计算平均值和标准偏差，以平均值为信号值，标准偏差为噪声值，计算信噪比。

11. 辅助数据

选择不同时段的 $n(n>10)$ 条原始影像数据，按照原始影像数据格式规范要求，解析出其对应的辅助数据内容。通过检查辅助数据的内容，确定辅助数据的格式及其内容的正确性。

12.1.9 多光谱相机分系统

1. 相机成像功能

首先检查相机工作状态，如相机在执行摄影任务时状态转换正确，说明相机系统工作正常。确认状态后，根据接收到的影像数据情况检查相机成像功能。选择获取的 $n(n>10)$ 景 0 级影像在图像处理软件中打开，与经过验证的正确的航空或卫星影像进行比较，目视检测多光谱相机拍摄景物显示是否正确。

对卫星侧摆状态下相机功能的测试，应选择卫星最大侧摆状态下获取的 n（$n>10$）景0级影像来进行，其测试方法与正常状态下相同。

2. 相机内定标功能

在地影区，选择星下点为海面的区域进行成像，多光谱相机工作于定标模式。地面应用系统根据遥测数据及定标影像数据，判断定标功能执行的正确性。地面应用系统将解码后的原始影像交卫星系统相机分系统研制单位进行处理，给出定标结果。

3. 相机调焦功能

卫星运行在降轨段时，多光谱相机对星下点地面景物成像。根据已有影像数据及相机温度参数，确定调焦方向和调焦量。规划一轨调焦、成像交替工作六次，每次成像摄取影像5 000行。根据每次调焦的遥测信息确定焦面位置是否满足目标位置要求，分析判断影像数据，确定影像最清晰的一次摄像对应的调焦结果，作为当前焦面位置，在随后较近的适当圈次完成相机的调焦。根据遥测及调焦后的影像数据判断调焦功能正确与否，并根据调焦数据确定是否需要进一步调焦。

4. 相机增益调整功能

卫星运行在降轨段时，多光谱相机对星下点地面景物成像，每次成像摄取影像5 000行。查看相机分系统成像参数控制表，确定注入的增益值。判读分析影像数据，确定增益调整功能的正确性。

5. 成像系统调制传递函数

在实验室条件下，首先进行多光谱相机与测试系统（包括平行光管、双轴转台等测试设备）的对准调试，使多光谱相机CCD成像在平行光管焦面上。开启相机快视系统，通过相机的调焦机构调整方向和大小，采集对比度较好的图像，通过图像文件解算相机的调制传递函数（静态MTF）。动态MTF检测的方法是获取地面靶标场影像数据后，利用MTF靶标和所获取卫星影像进行MTF检测。动态MTF检测结果可作为评价相机性能的参考。MTF计算采用两种方法：刃边法和脉冲法，其原理和步骤与立体测绘相机检测方法相同。

6. 影像灰度量化位数

选择 n（$n>10$）景多光谱0级影像，在Matlab和BES软件中打开，分析确定多光谱影像灰度量化位数。

7. 有效像元数

选择 n（$n>10$）景0级多光谱影像进行像元统计，计算有效像元数。

8. 相机信噪比

选择地面反射率0.3左右的大面积均匀地物区域，在太阳高度角30°条件下进行成像，地面应用系统对所获取影像中的均匀地物区进行统计分析，计算平均值和标准偏差，以平均值为信号值，标准偏差为噪声值，计算信噪比。

9. 辅助数据

选择不同时段的 n(n>10)条原始影像数据,按照原始影像数据格式规范要求,解析出其对应的辅助数据内容。通过检查辅助数据的内容,确定辅助数据的格式及其内容的正确性。

12.1.10 高分辨率相机分系统

1. 相机成像功能

首先检查相机工作状态,如相机在执行摄影任务时状态转换正确,说明相机系统工作正常。确认状态后,根据接收到的影像数据情况检查相机成像功能。选择获取的 n(n>10)景 0 级影像在图像处理软件中打开,与经过验证的正确的航空或卫星影像进行比较,目视检测高分辨率相机拍摄景物显示是否正确。

对于卫星侧摆状态下相机功能的测试,选择卫星最大侧摆状态下获取的 n(n>10)景 0 级影像来进行,其测试方法与正常状态下相同。

2. 相机内定标功能

在地影区,选择星下点为海面的区域进行成像,高分辨率相机工作于定标模式。地面应用系统根据遥测数据及定标影像数据,判断定标功能执行的正确性。地面应用系统将解码后的原始影像交卫星系统相机分系统研制单位进行处理,给出定标结果。

3. 相机调焦功能

卫星运行在降轨段时,高分辨率相机对星下点地面景物成像。根据已有影像数据及相机温度参数,确定调焦方向和调焦量。规划一轨调焦、成像交替工作六次,每次成像摄取影像 5 000 行。根据每次调焦的遥测信息确定焦面位置是否满足目标位置要求,分析判断影像数据,确定影像最清晰的一次摄像对应的调焦结果,作为当前焦面位置,在随后较近的适当圈次完成相机的调焦。根据遥测及调焦后的影像数据判断调焦功能正确与否,并根据调焦数据确定是否需要进一步调焦。

4. 相机增益调整功能

卫星运行在降轨段时,高分辨率相机对星下点地面景物成像,每次成像摄取影像 5 000 行。查看相机分系统成像参数控制表,确定注入的增益值。判读分析影像数据,确定增益调整功能的正确性。

5. 积分级数调整功能

选择星下点不同太阳高度角的陆地目标,地面应用系统编制程序控制指令数据(积分级数代码)发送至测控系统并向卫星注入,将高分辨率相机的积分级数分别设置为 4、8、16、32 级,相机工作在摄像模式。地面应用系统接收数据并观察影像,根据遥测及影像结果判断积分级数调整执行的正确性。

6. 成像系统调制传递函数

在实验室条件下，首先进行高分辨率相机与测试系统（包括平行光管、双轴转台等测试设备）的对准调试，使高分辨率相机 CCD 成像在平行光管焦面上。开启相机快视系统，通过相机的调焦机构调整方向和大小，采集对比度较好的图像，通过图像文件解算相机的调制传递函数（静态 MTF）。动态 MTF 检测的方法是获取地面靶标场影像数据后，利用 MTF 靶标和所获取卫星影像进行 MTF 检测。动态 MTF 检测结果可作为评价相机性能的参考。

7. 影像灰度量化位数

选择 $n(n>10)$ 景高分辨率 0 级影像，在 Matlab 和 BES 软件中打开，分析确定高分辨率影像灰度量化位数。

8. 线阵有效像元数

选择 $n(n>10)$ 景 0 级高分辨率影像进行像元统计，计算有效像元数。

9. 相机信噪比

选择地面反射率 0.3 左右的大面积均匀地物区域，在太阳高度角 30°条件下进行成像，地面应用系统对所获取影像中的均匀地物区进行统计分析，计算平均值和标准偏差，以平均值为信号值，标准偏差为噪声值，计算信噪比。

10. 辅助数据

选择不同时段的 $n(n>10)$ 条原始影像数据，按照原始影像数据格式规范要求，解析出其对应的辅助数据内容。通过检查辅助数据的内容，确定辅助数据的格式及其内容的正确性。

12.1.11　数据传输及天线分系统

1. 数传信道指标

（1）数传分系统射频频率测试。由于无法对 X 频段信号进行直接测试，通过对数传通道 1 和通道 2 二级变频输出的中心频率进行间接测试。

（2）数传分系统有效全向辐射功率（EIRP）测试。在地面接收站的可接收范围大于 7 分钟的条件下，卫星发射单载波信号，在不同弧段情况下，根据载噪比计算星上发射功率，并记录接收天线仰角和方位角，根据下列公式计算 EIRP：$\text{EIRP}=C/N_0+L-G/T+\text{K}$。其中，$C/N_0$ 为实测载噪比，L 包括自由空间损耗、大气损耗、指向损耗、极化损耗、非线性、天气因素等损耗，K 为波尔兹曼常数。

（3）数传码速率测试。卫星数传分系统处于实传、回放两种传输模式下，地面站对卫星进行跟踪，解调器可锁定，测试数传的码速率。

2. 数据存储器容量

将数据存储器写满，通过回放数据的时间和接收的影像数据文件大小计算数据存储器的存储容量。

3. 影像加密功能

接收中心汇总各接收站所接收的原始码流数据，解密后浏览影像并检查影像中的辅助数据，分析加密状态正确与否。

4. 有效载荷工作模式与模式切换

编制有效载荷控制指令，进行实传、固存记录、顺序回放、随机回放等工作模式测试，根据机动站遥测参数和地面接收影像判断卫星在相应工作模式下是否工作正常。在实传模式下遥测参数模式是否正确，影像是否无重复或者跳变；在固存记录模式下，遥测参数模式是否正确；在随机和顺序回放模式下，遥测参数模式是否正确，影像回放顺序是否符合要求。

5. FAT 表下传

地面发指令下传 FAT 表，通过 FAT 表遥测检查其正确性。

6. AOS 数据格式检查

数据接收中心对原始码流数据进行解格式处理，由解格式处理结果判断 AOS 数据格式的正确性。由于原始码流数据解格式处理后无法得到 AOS 数据格式的数据。因此，直接对原始码流数据进行生产，如果得到正确的原始影像数据则认为 AOS 格式编排正确。

7. 影像压缩功能

卫星下传数据，各地面接收站接收记录原始码流数据文件，数据接收中心进行解压缩等处理，由解压前后结果对比判断影像压缩功能是否正常。

12.1.12 星地一体化指标

1. 摄影旁向重叠率

通过计划编制软件，量测相邻轨道在赤道附近的间距，计算确定摄影旁向重叠率。

2. 定位精度

采用已知点检测验证方法。卫星至少完成一次摄影测量参数检测之后，在已有 3～5 个试验场覆盖区域范围内，选择摄影条件良好、辅助摄影数据齐全的 2 景以上三线阵 1A 级卫星影像，进行控制定位计算，求解检查点空间坐标。将平差计算得到的检查点空间坐标与检查点已知坐标进行比较，统计中误差。

3. 地面像元分辨率

地面应用系统在获取星上下传的地面试验场分辨率靶标影像数据及测量数据后，进行分辨率检测处理，确定影像的分辨率。

测试方法一，复算。

根据在轨摄影测量参数检测结果中的相机主距、相机出厂时的像元尺寸和实际的卫星飞行高度，对三线阵前视、正视、后视、高分辨率和多光谱影像的地面像元分辨率（正常摄影状态和侧摆摄影状态）进行复算

$$GSD = a \times H / f$$

其中,GSD 为地面像元分辨率,a 为像元尺寸,H 为卫星高度,f 为相机主距。

测试方法二,实测。

对于三线阵影像和高分辨率影像,采用在地面铺设分辨率 5 m 以上的辐射状靶标,通过人工选择卫星影像中辐射状靶标的最大可分辨边界,计算辐射状靶标圆心至可分辨边界的距离及辐射状靶标圆心至靶标端点的距离。根据地面布设靶标的玄径比几何关系及靶标端点玄长,统计计算得出相机的分辨率。对多光谱影像,采用在地面铺设大面积(刃边或脉冲)靶标,或利用自然地物,通过对影像上刃边和脉冲区域的选取和处理,计算 MTF 进而来检测地面像元分辨率。

制定卫星侧摆状态下的摄影计划,对地面布设的辐射状靶标进行摄影,检测卫星侧摆状态下三线阵、多光谱和高分辨率影像的分辨率。

4. 数传系统误码率

地面应用系统发送下传 PN15 码指令,卫星数传下传 PN15 码,地面接收站接收解调,与已知的 PN15 码进行比较,得出在最差载噪比条件下,解调器 PN 码比对软件统计的误码率。

5. 星上 GPS 定轨精度

由于无法得出星上 GPS 的绝对定位精度,只能利用事后精密定轨结果评估星上实时计算的卫星轨道。星上实时定轨采用的是 GPS 广播星历计算的低轨卫星轨道,GPS 广播星历的精度在 5 m 左右,而事后精密定轨采用的 IGS 提供的 GPS 精密星历的精度为厘米级。因此,地面事后处理精度远远高于星上实时处理精度,可用以评估星上实时计算轨道精度。

6. 星敏感器性能测定

根据三个星敏感器输出数据及定位精度综合评价星敏感器惯性姿态确定精度。设计指标中给出的是星敏感器的随机测量误差,主要包含高频误差和白噪声误差,未包含星敏测量系统误差和低频测量误差。

分别采用单星敏差分法、单星敏姿态拟合法和双星敏光轴夹角法对辅助数据和遥测数据中的星敏数据进行分析,结合定位精度综合评价星敏感器惯性姿态的精度。

§12.2　在轨测试的步骤

本小节主要对有效载荷的各项在轨测试项目的测试步骤进行描述,包括三线阵 CCD 立体测绘相机、多光谱相机、高分辨率相机、数据传输、星地一体化指标等内容。

12.2.1 三线阵CCD立体测绘相机分系统

1. 相机热控功能

测试步骤：

(1)任务规划系统每日根据卫星有效载荷控制指令查看相机热控遥测参数范围。

(2)持续观察半月左右，根据遥测参数判断有效载荷温度遥测值和加热带工作状态。

2. 相机成像功能

测试步骤：

(1)地面应用系统进行摄影任务规划，确定成像区域，给出相机的在轨工作时刻。

(2)地面应用系统生成卫星工作指令，经测控系统注入卫星。

(3)相机工作于成像模式。

(4)地面应用系统接收影像数据并处理。

(5)对实际获取的0级影像用图像处理软件打开进行人工目视观测，与经过验证的正确的航空或卫星影像进行比较，检测前视、正视、后视相机以及4个小面阵相机拍摄景物显示是否正确。

3. 相机内定标功能

测试步骤：

(1)卫星方生成卫星工作指令，经测控系统注入卫星。

(2)三线阵(含小面阵)相机工作于定标模式。

(3)地面应用系统接收影像数据并处理，将0级影像交卫星系统相机分系统研制单位。

(4)卫星系统相机分系统研制单位处理数据，给出定标结果，交地面应用系统。

4. 相机调焦功能

测试步骤：

(1)卫星方生成卫星工作指令，经测控系统注入卫星。

(2)三线阵(含小面阵)相机工作于调焦模式。

(3)三线阵(含小面阵)相机工作于成像模式，地面应用系统接收影像数据。

(4)一轨15 min内重复步骤(2)、(3)共六次。

(5)分析影像数据，确定最佳焦面位置。

(6)三线阵(含小面阵)相机工作于调焦模式，调焦至最佳焦面位置。

5. 相机增益调整功能

测试步骤：

(1)地面应用系统进行摄影任务规划，确定增益调整功能测试的成像区域，给出三线阵相机的在轨工作时刻。

(2)地面应用系统生成卫星工作指令，经测控系统注入卫星。增益参数依据规划的成像区域的成像条件，查看相机分系统成像参数控制表，确定注入的增益值。

(3)相机工作于摄影模式，地面应用系统接收影像数据。

(4)分析影像数据，确定增益调整功能正确性。

6. 成像系统调制传递函数

测试步骤：

(1)引用实验室定标的静态 MTF 结果。

(2)根据卫星轨道参数，预报卫星过地面靶标场的时间，收集相关气象预报信息，确定测试日期并安排摄影数传计划。

(3)根据卫星轨道方向制定靶标布设方案，卫星过顶前完成靶标布设。

(4)卫星过靶标场时进行拍摄，从预处理系统获取含靶标的 1A 级高分辨率影像并查看拍摄结果，若拍摄成功则可进行靶标撤收，否则，需要根据下次过顶日期及天气预报信息决定是否等待下次过顶或者撤收转场。

(5)靶标布设过程中，填写靶标布设信息表，布设完成后，核实靶标布设信息表。

(6)用太阳辐射计测量大气光学厚度，用光谱照度计测量总辐照度和天空漫射辐照度，填写大气光学特性测量记录表。

(7)根据含刃边靶标或线性状靶标的 1A 级高分辨率影像产品、靶标布设信息等计算调制传递函数。

(8)根据卫星平台相关参数(姿态、飞行速度等)、影像拍摄参数(积分级数)和大气参数，得到动态调制传递函数值。

7. 影像灰度量化位数

测试步骤：

(1)选择 10 景三线阵相机 0 级影像和 10 幅小面阵 0 级影像。

(2)分别在 Matlab 和 BES 软件中打开，分析统计其量化位数。

(3)确定三线阵 CCD 影像和小面阵影像灰度量化位数。

8. 线阵 CCD 有效像元数

测试步骤：

(1)选择相隔一定摄影日期的 10 景三线阵相机 0 级影像。

(2)在图像处理软件中打开。

(3)分别统计三线阵影像的有效像元数。

9. 小面阵有效像元数

测试步骤：

(1)选择相隔一定摄影日期的 10 幅小面阵相机 0 级影像。

(2)在图像处理软件中打开。

(3)分别统计四个小面阵影像的有效像元数。

10. 相机信噪比

测试步骤：

(1)选择三个不同地区的地物反射率0.3左右的均匀区域，根据卫星轨道参数，预测卫星过选定地区的日期及时间，收集相关气象预报信息，确定测试日期。

(2)根据卫星轨道参数，制定摄影数传跟踪接收计划。

(3)卫星对所选地区拍摄成功后，从预处理系统获取0级三线阵(含小面阵)影像。

(4)对三个区域分别计算信噪比。

(5)根据三个区域的信噪比检测结果，综合分析，给出信噪比检测结果。

11. 辅助数据

测试步骤：

(1)选择相隔一定摄影日期的10条三线阵(含小面阵)相机原始影像数据。

(2)按照原始影像数据格式规范要求，通过预处理系统自研辅助数据检查软件，解析辅助数据内容。

(3)对照地面应用系统卫星数据产品格式规范，检查辅助数据的各项值是否在有效的范围内。

(4)确定辅助数据格式及其内容是否符合卫星数据产品格式规定。

12.2.2 多光谱相机分系统

1. 相机成像功能

测试步骤：

(1)地面应用系统进行摄影任务规划，确定成像区域，给出相机的在轨工作时刻。

(2)地面应用系统生成相机工作指令，经由测控系统注入卫星。

(3)相机工作于成像模式。

(4)地面应用系统接收影像数据并处理。

(5)对实际获取的0级影像用图像处理软件打开进行人工目视观测，与经过验证的正确的航空或卫星影像进行比较，检测多光谱相机拍摄景物显示是否正确。

2. 相机内定标功能

测试步骤：

(1)卫星方生成卫星工作指令，经测控系统注入卫星。

(2)多光谱相机工作于定标模式。

(3)地面应用系统接收多光谱影像数据并处理，交卫星系统相机分系统研制单位。

(4)卫星系统相机分系统研制单位处理数据，给出定标结果，交地面应用系统。

3. 相机调焦功能

测试步骤：

(1)卫星方生成卫星工作指令，经测控系统注入卫星。

(2)多光谱相机工作于调焦模式。

(3)多光谱相机工作于成像模式,地面应用系统接收多光谱影像数据。

(4)一轨15 min内重复步骤(2)、(3)共六次。

(5)分析影像数据,确定最佳焦面位置。

(6)多光谱相机工作于调焦模式,调焦至最佳焦面位置。

4. 相机增益调整功能

测试步骤:

(1)地面应用系统进行摄影任务规划,确定增益调整功能测试的成像区域,给出多光谱相机的在轨工作时刻。

(2)地面应用系统生成卫星工作指令,经测控系统注入卫星。增益参数依据规划的成像区域的成像条件,查看相机分系统成像参数控制表,确定注入的增益值。

(3)多光谱相机工作于摄影模式,地面应用系统接收影像数据。

(4)分析影像数据,确定增益调整功能正确性。

5. 成像系统调制传递函数

测试步骤:

(1)引用实验室定标的静态MTF结果。

(2)根据卫星轨道参数,预报卫星过地面靶标场的时间,收集相关气象预报信息,确定测试日期并安排摄影数传计划。

(3)根据卫星轨道方向制定靶标布设方案,卫星过顶前完成靶标布设。

(4)卫星过靶标场时进行拍摄,从预处理系统获取含靶标的1A级高分辨率影像并查看拍摄结果,若拍摄成功则可进行靶标撤收,否则,需要根据下次过顶日期及天气预报信息决定是否等待下次过顶或者撤收转场。

(5)靶标布设过程中,填写靶标布设信息表,布设完成后,核实靶标布设信息表。

(6)用太阳辐射计测量大气光学厚度,用光谱照度计测量总辐照度和天空漫射辐照度,填写大气光学特性测量记录表。

(7)根据含刃边靶标或线性状靶标的1A级高分辨率影像产品、靶标布设信息等计算调制传递函数。

(8)根据卫星平台相关参数(姿态、飞行速度等)、影像拍摄参数(积分级数)和大气参数,得到动态调制传递函数值。

6. 影像灰度量化位数

测试步骤:

(1)选择10景多光谱0级影像。

(2)分别在Matlab和BES软件中打开,分析统计其量化位数。

(3)确定多光谱影像灰度量化位数。

7. 有效像元数

测试步骤：

(1)选择相隔一定摄影日期的多光谱相机0级影像。

(2)在图像处理软件中打开。

(3)分别统计多光谱四个波段影像的有效像元数。

8. 相机信噪比

测试步骤：

(1)选择三个不同地区的地物反射率0.3左右的均匀区域，根据卫星轨道参数，预测卫星通过选定地区的日期及时间，收集相关气象预报信息，确定测试日期。

(2)根据卫星轨道参数，预报卫星通过选定地区的时间，收集相关气象预报信息，制订摄影数传跟踪接收计划。

(3)卫星对所选地区拍摄成功后，从预处理系统获取0级多光谱影像。

(4)对三个区域分别计算信噪比。

(5)根据三个区域的信噪比检测结果，综合分析，给出信噪比检测结果。

9. 辅助数据

测试步骤：

(1)选择相隔一定摄影日期的多光谱原始影像数据。

(2)按照原始影像数据格式规范要求，通过预处理系统自研辅助数据检查软件，解析辅助数据内容。

(3)对照地面应用系统卫星数据产品格式规范，检查辅助数据的各项值是否在有效的范围内。

(4)确定辅助数据格式及其内容是否符合卫星数据产品格式规定。

12.2.3 高分辨率相机分系统

1. 相机成像功能

测试步骤：

(1)地面应用系统进行摄影任务规划，确定成像区域，给出相机的在轨工作时刻。

(2)地面应用系统生成相机工作指令，并经测控系统上注卫星。

(3)相机工作于成像模式。

(4)地面应用系统接收影像数据并处理。

(5)对实际获取的0级影像用图像处理软件打开进行人工目视观测，与经过验证的正确的航空或卫星影像进行比较，检测多光谱相机拍摄景物显示是否正确。

2. 相机内定标功能

测试步骤：

(1)卫星方生成卫星工作指令，经测控系统注入卫星。

(2)高分辨率相机工作于定标模式。

(3)地面应用系统接收影像数据并处理,交卫星系统相机分系统研制单位。

(4)卫星系统相机分系统研制单位处理数据,给出定标结果,交地面应用系统。

3. 相机调焦功能

测试步骤:

(1)卫星方生成卫星工作指令,经测控系统注入卫星。

(2)高分辨率相机工作于调焦模式。

(3)高分辨率相机工作于成像模式,地面应用系统接收影像数据。

(4)一轨 15 min 内重复步骤(2)、(3)共六次。

(5)分析影像数据,确定最佳焦面位置。

(6)高分辨率相机工作于调焦模式,调焦至最佳焦面位置。

4. 相机增益调整功能

测试步骤:

(1)地面应用系统进行摄影任务规划,确定增益调整功能测试的成像区域,给出高分辨率相机的在轨工作时刻。

(2)测控系统生成卫星工作指令,经测控系统注入卫星。增益参数依据规划的成像区域的成像条件,查看相机分系统成像参数控制表,确定注入的增益值。

(3)高分辨率相机工作于摄影模式,地面应用系统接收影像数据。

(4)分析影像数据,确定增益调整功能正确性。

5. 积分级数调整功能

测试步骤:

(1)地面应用系统进行摄影任务规划,确定积分级数调整功能测试的成像区域,给出高分辨率相机的在轨工作时刻。

(2)地面应用系统生成卫星工作指令,经测控系统注入卫星。

(3)高分辨率相机工作于摄影模式。

(4)地面应用系统接收影像数据并处理。

(5)通过类似地物影像判断不同太阳高度角下的积分级数调整功能的正确性。

6. 成像系统调制传递函数

测试步骤:

(1)引用实验室定标的静态 MTF 结果。

(2)根据卫星轨道参数,预报卫星通过地面靶标场的时间,收集相关气象预报信息,确定测试日期并安排摄影数传计划。

(3)根据卫星轨道方向制定靶标布设方案,卫星过顶前完成靶标布设。

(4)卫星过靶标场时进行拍摄,从预处理系统获取含靶标的 1A 级高分辨率影像并查看拍摄结果,若拍摄成功则可进行靶标撤收,否则,需要根据下次过顶日期及天气预报信息决定是否等待下次过顶或者撤收转场。

(5)靶标布设过程中，填写靶标布设信息表，布设完成后，核实靶标布设信息表。

(6)用太阳辐射计测量大气光学厚度，用光谱照度计测量总辐照度和天空漫射辐照度，填写大气光学特性测量记录表。

(7)根据含刃边靶标或线性状靶标的1A级高分辨率影像产品、靶标布设信息等计算调制传递函数。

(8)根据卫星平台相关参数(姿态、飞行速度等)、影像拍摄参数(积分级数)和大气参数，得到动态调制传递函数值。

7. 影像灰度量化位数

测试步骤：

(1)选择10景高分辨率0级影像。

(2)分别在Matlab和BES软件中打开，分析统计其量化位数。

(3)确定高分辨率影像灰度量化位数。

8. 线阵CCD有效像元数

测试步骤：

(1)选择相隔一定摄影日期的高分辨率0级影像。

(2)在图像处理软件中打开。

(3)分别统计高分辨率影像每片CCD有效像元数。

9. 相机信噪比

测试步骤：

(1)选择三个不同地区的地物反射率0.3左右的均匀区域，根据卫星轨道参数，预测卫星通过选定地区的日期及时间，收集相关气象预报信息，确定测试日期。

(2)根据卫星轨道参数，预报卫星通过选定地区的时间，收集相关气象预报信息，制定摄影数传跟踪接收计划。

(3)卫星对所选地区拍摄成功后，从预处理系统获取0级高分辨率影像。

(4)对三个区域分别计算信噪比。

(5)根据三个区域的信噪比检测结果，综合分析，给出信噪比检测结果。

10. 辅助数据

地面应用系统利用接收到的影像数据，检查辅助数据的格式及其数据的正确性。

测试步骤：

(1)选择相隔一定摄影日期的10条高分辨率原始影像数据。

(2)按照原始影像数据格式规范要求，通过预处理系统自研辅助数据检查软件，解析辅助数据内容。

(3)对照地面应用系统卫星数据产品格式规范，检查辅助数据的各项值是否在有效的范围内。

(4)确定辅助数据格式及其内容是否符合数据规范规定。

12.2.4　数据传输分系统

1. 数传信道指标

数传分系统射频频率测试步骤:

(1)任务规划系统制定卫星下传单载波指令,通过测控系统上注卫星。

(2)机动站对卫星进行捕获跟踪。

(3)对数传通道 1 和通道 2 经二级变频后的输出频率进行测试。

数传分系统有效全向辐射功率(EIRP)测试步骤:

(1)任务规划系统制定卫星下传单载波指令,通过测控系统上注卫星。

(2)机动站对卫星进行捕获跟踪。

(3)在跟踪稳定的情况下,从中频分配单元接入频谱仪,记录一定的时间范围内测量出 C/N_0,并记录天线的仰角。

(4)根据公式 $\mathrm{EIRP}=C/N_0+L-G/T+\mathrm{K}$,计算 EIRP。

数传码速率及调制方式测试步骤:

(1)任务规划系统分别编制实传、回放两种计划指令,通过测控系统上注卫星。

(2)机动站在卫星过境时对卫星进行捕获跟踪。

(3)卫星跟踪稳定后,观察解调器是否锁定。

2. 固态存储器容量

测试步骤:

(1)任务规划系统编制存储器存储指令,将固态存储器写满。

(2)卫星工作在回放工作模式下,各接收站“接力”接收。

(3)接收中心汇总各站所接收原始码流数据,分别计算每个接收站实际接收数据时间和实际记录数据大小,通过计算去除各站重复接收的时间段,根据去重后的总接收时间和数据量计算固态存储器容量。

3. 有效载荷工作模式与模式切换

测试步骤:

(1)任务规划系统编制有效载荷控制指令,进入实传、固存记录、顺序回放、随机回放等工作模式。

(2)机动站接收卫星下传数据。

(3)任务规划系统对遥测文件进行分析,判断卫星在相应工作模式下是否工作正常。

(4)数据接收中心对原始码流数据进行解密、解压、成像处理,生成原始影像数据。

(5)数据接收中心将原始影像数据传至预处理系统。

(6)进行 1A 级产品生产,检查影像及辅助数据的正确性。

4. FAT 表下传

测试步骤：

(1)任务规划系统发送 FAT 表下传指令。

(2)卫星过境时，由任务规划系统查看遥测数据，检查 FAT 表内容是否正确。

5. AOS 数据格式检查

测试步骤：

(1)将各接收站原始码流数据汇总至接收中心。

(2)对原始码流数据进行解密、解压、成像处理，生成原始影像数据。

(3)将原始影像数据传至预处理系统。

(4)原始影像数据能正常进行 1A 级产品生产，则认为 AOS 格式编排正确。

6. 影像压缩功能

测试步骤：

(1)将各接收站原始码流数据汇总至接收中心。

(2)对原始码流数据进行解密、解压、成像处理。

(3)取 5 轨数据，评估各类影像数据的压缩比。

12.2.5 星地一体化指标

1. 摄影旁向重叠率

通过计划编制软件，量测相邻轨道在赤道附近的间距，计算摄影旁向重叠率。

2. 定位精度

检测步骤：

(1)在已有 3～5 个试验场覆盖范围内，分别选择大于 2 景、云量满足要求、辅助数据和全轨道 GPS 数据齐全的 1A 级影像。

(2)在影像上选择一定数量的已知点作为检查点，要求检查点尽可能均匀分布。

(3)利用摄影辅助数据，进行精密定姿计算，解算摄影时刻的相机姿态角。

(4)利用全轨道 GPS 数据，进行精密定轨计算，解算卫星摄影时刻的摄站坐标。

(5)利用三线阵条带影像，进行像点量测，获取定向点与连接点像点坐标。

(6)利用定轨、定姿和像点量测数据，进行 EFP 平差计算，得到外方位元素文件。

(7)利用外方位元素前方交会得到检查点的空间坐标。

(8)将平差计算得到的检查点空间坐标与检查点已知坐标进行比较，统计中误差。

(9)综合分析多个区域的中误差和标准差，得出定位精度检测结果。

3. 地面像元分辨率

测试步骤：

(1)根据卫星轨道参数，综合考虑卫星侧摆状态，预报卫星过地面靶标场的时间，收集相关气象预报信息，确定测试日期并制定摄影数传计划。为得到多次采样数据,同时进行侧摆状态的分辨率检测,与地面靶标布设工作紧密配合,安排相邻轨道的多次摄影。

(2)根据卫星轨道方向制定靶标布设方案,卫星过顶前完成靶标布设。

(3)卫星过靶标场时进行拍摄,从预处理系统获取含靶标的1A级三线阵、多光谱和高分辨率影像,查看拍摄结果,若拍摄成功则可进行靶标撤收,否则,需要根据下次过顶日期及天气预报信息决定是否等待下次过顶或者撤收转场。

(4)靶标布设过程中,填写靶标布设信息表,布设完成后,核实靶标布设信息表。

(5)用太阳辐射计测量大气光学厚度,用光谱照度计测量总辐照度和天空漫射辐照度,填写大气光学特性测量记录表。

(6)对于三线阵影像和高分辨率影像,通过对辐射状靶标的影像进行人工判读,依次得到影像上可分辨与不可分辨的边界,计算出被检测相机影像的分辨率;对多光谱影像,根据含有MTF检测靶标的卫星影像产品计算相机MTF,进而对多光谱相机分辨率进行计算与检测。

(7)复算出三线阵前视、正视、后视、高分辨率和多光谱影像的地面像元分辨率(正常摄影状态和侧摆摄影状态)。

(8)综合分析复算和实测两种测试方法的结果,得出正常摄影状态和侧摆摄影状态下三线阵、多光谱和高分辨率影像实际分辨率。

4. 数传系统误码率

测试步骤:

(1)任务规划系统编制下传PN15码指令,通过测控系统上注卫星。

(2)卫星过境时下发PN15码,机动站进行跟踪接收。

(3)跟踪稳定后观察跟踪接收机和解调器的锁定情况。在跟踪稳定、解调器锁定的情况下,利用解调器PN码比对软件观察记录数据误码率,记录整个接收过程误码率最大值。

5. 星上GPS定位精度

测试步骤:

(1)选择3～5个摄影条带的辅助数据。

(2)利用卫星采样间隔的GPS实时定轨数据,采用辅助数据定轨的方法计算卫星轨道。

(3)提取3～5个摄影条带相应的全轨道GPS数据,采用精密星历进行精密定轨计算卫星轨道。

(4)将两种方法计算的定轨结果进行比对,统计中误差,检查是否满足精度要求。

6. 星敏感器性能测定

测试步骤:

(1)选择多个试验场的1A级条带影像辅助数据文件和足够长度的遥测数据

(一个轨道圈以上)。

(2)采用单星敏差分法对辅助数据中的星敏数据进行分析。

(3)采用单星敏姿态拟合法对辅助数据中的星敏数据进行分析。

(4)采用双星敏光轴夹角法对遥测数据中的星敏数据进行分析。

(5)计算试验场的定位精度。

(6)综合分析步骤(2)、(3)、(4)和(5)的计算结果,评价星敏感器惯性姿态确定精度。

第 13 章　卫星数据产品

天绘一号卫星数据产品是指利用卫星下传的有效载荷数据经地面处理后生成的产品，由卫星数据和卫星产品两部分组成。其中卫星数据主要包括原始码流、遥测数据、原始影像、GPS 原始测量数据、测控基础数据和摄影系统参数检测结果。卫星产品也称卫星影像产品，是由天绘一号卫星地面应用系统生产并对外提供的影像数据产品，分为 0 级、1A 级、1B 级、2 级、3A 级和 3B 级，其中 0 级产品不对用户提供，每级产品包括影像数据、浏览图、拇指图、元数据以及辅助数据等。

§13.1　卫星数据

卫星数据的定义如下：

(1)原始码流，又称卫星下行数据(downlink data)，指地面接收站对卫星下传遥感射频信号进行变频、解调后输出的基带比特流数据。

(2)遥测数据，存放卫星 S 频段实时下发的遥测数据包，按照完整数据帧存放，不改变原始数据帧格式。

(3)原始影像，指对原始码流数据进行解密、解压缩，经过成像处理、数据分离后得到的影像数据和辅助数据。

(4)GPS 原始测量数据，包括 GPS 原始测量数据、平台时间数据、整星遥测数据。

(5)全轨道 GPS 数据产品，原始码流数据中的 GPS 原始测量数据经过解包、去重、数据组织、拼接得到的全轨道 GPS 数据。

(6)测控基础数据，包括初轨根数、瞬时精轨根数、事后精轨根数、轨道预报数据、精密星历数据、测站预报数据、遥测参数等。

(6)摄影系统参数检测结果，包括几何定标结果和辐射定标结果。几何定标结果由实验室定标和在轨动态几何定标结果，主要包括相机主距、交会角、星地相机夹角等相机和相关卫星平台参数等。辐射定标结果主要指相机的在轨绝对辐射定标参数、相对辐射定标参数、动态范围参数和响应线性检测参数。

§13.2　卫星影像产品组成与分类

13.2.1　各级卫星影像产品定义

(1)0 级卫星影像产品，即原始影像经过拼接、去重、编目(逻辑分景)处理后得到的产品数据，包括 0 级影像数据、浏览图、拇指图、元数据、经过去重处理的辅助数据等，以及三线阵、多光谱和高分辨率三类 0 级产品。

（2）1A 级卫星影像产品，即 0 级卫星影像产品经过辐射校正后得到的产品数据，包括 1A 级影像数据、浏览图、拇指图、元数据、经过去重处理的辅助数据、摄影参数文件、RPC 文件，以及三线阵、多光谱和高分辨率三类 1A 级产品。

（3）1B 级卫星影像产品，即 1A 级卫星影像产品经过空三加密处理后得到产品数据，包括影像数据、浏览图、拇指图、元数据、立体测图定向数据，其中立体测图定向数据同时支持外方位元素列和 RPC 两种格式。还包括三线阵、多光谱和高分辨率三类 1B 级产品。

（4）2 级卫星影像产品，即由 1A 级卫星影像产品中的正视影像，使用系统参数，按照 CGCS2000 坐标系统进行几何校正后得到产品数据，包括 2 级影像数据、浏览图、拇指图、元数据，以及三线阵、多光谱、高分辨率和彩色融合四类 2 级产品。

（5）3A 级卫星影像产品，即由 1A 级卫星影像产品中的正视影像，使用系统参数、地面控制点并按照 CGCS2000 进行几何校正后得到产品数据，包括 3A 级影像数据、浏览图、拇指图、元数据，以及三线阵、多光谱、高分辨率和彩色融合四类 3A 级产品。

（6）3B 级卫星影像产品，即由 1B 级卫星影像产品经过摄影测量处理形成的正射影像产品，包括 3B 级影像数据、浏览图、拇指图、元数据，以及三线阵、多光谱、高分辨率和彩色融合四类 3B 级产品。

天绘一号卫星数据产品采用如图 13.1 所示的目录结构进行存储。各系统生产的卫星数据产品（包括影像数据、元数据、辅助数据、浏览图、拇指图、全轨道 GPS 数据等文件）按产品级别分别存储在一个根目录下。其根目录包含归档和查询两个子目录，其中影像数据、元数据、辅助数据文件等存储在归档目录下，浏览图、拇指图、元数据等和查询有关的文件存储在查询目录下。归档目录和查询目录可以进一步根据传感器类型决定是否划分下一级子目录，如果是三线阵传感器可进一步划分为前视、正视、后视三个子目录，如果是多光谱和高分辨率传感器则不需要划分次级目录。

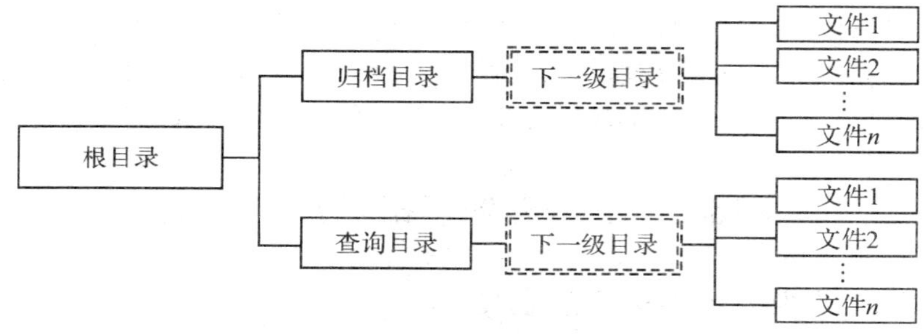

图 13.1　天绘一号卫星数据产品目录结构

13.2.2　数据产品分景

对于 0 级产品、1A 级产品，多光谱和高分辨率影像采用物理分景，三线阵影像采用逻辑分景；对于 1B 级产品，多光谱和高分辨率影像采用物理分景，三线阵影像采用逻辑分景和物理分景两种方式；2、3 级产品全部采用物理分景。影像浏览图和拇指图按照对应影像一定比例抽取生成，浏览图抽取比例与传感器类型有关，其选择原则为浏览图在屏幕上显示为 1 屏宽度(约 1 200 像元左右)。拇指图在浏览图基础上按照 1∶10 的比例抽取生成。

各相机的分景与存储格式列于表 13.1—表 13.5。

表 13.1　三线阵传感器的分景与存储格式

等级	分景方式	幅面大小	覆盖范围/km	分辨率/m	位数	影像格式
0	逻辑分景	12 000×12 000	60×60	5	10	RAW
1A	逻辑分景	12 000×12 000	60×60	5	10	RAW
1B	逻辑分景	12 000×12 000	60×60	5	8/10	RAW
2	物理分景	-	-	5	8/10	GEOTIFF
3A	物理分景	-	-	5	8/10	GEOTIFF
3B	物理分景	-	-	5	8/10	GEOTIFF

表 13.2　多光谱传感器的分景与存储格式

等级	分景方式	幅面大小	覆盖范围/km	分辨率/m	位数	影像格式
0	物理分景	6 000×6 400	60×60	10	8	GEOTIFF
1A	物理分景	6 000×6 000	60×60	10	8	GEOTIFF
1B	物理分景	6 000×6 000	60×60	10	8	GEOTIFF
2	物理分景	-	-	10	8	GEOTIFF
3A	物理分景	-	-	10	8	GEOTIFF
3B	物理分景	-	-	10	8	GEOTIFF

表 13.3　高分辨率传感器的分景与存储格式

等级	分景方式	幅面大小	覆盖范围/km	分辨率/m	位数	影像格式
0	物理分景	32 768×35 000	60×60	2	8	GEOTIFF
1A	物理分景	32 000×32 000	60×60	2	8	GEOTIFF
1B	物理分景	32 000×32 000	60×60	2	8	GEOTIFF
2	物理分景	-	-	2	8	GEOTIFF
3A	物理分景	-	-	2	8	GEOTIFF
3B	物理分景	-	-	2	8	GEOTIFF

表 13.4 浏览图的存储格式定义表

传感器类型	浏览图抽取比例	幅面大小(0、1A)	存储格式	压缩比例	位数
三线阵	1∶10	1 200×1 200	JPEG	不低于 3	8
多光谱	1∶5	1 200×1 200	JPEG	不低于 3	24
高分辨率	1∶25	1 200×1 200	JPEG	不低于 3	8

表 13.5 拇指图的存储格式定义表

传感器类型	拇指图抽取比例	幅面大小(0、1A)	存储格式	压缩比例	位数
三线阵	1∶100	120×120	JPEG	不低于 3	8
多光谱	1∶50	120×120	JPEG	不低于 3	24
高分辨率	1∶250	120×120	JPEG	不低于 3	8

13.2.3 数据产品网格编目

天绘一号的网格编目系统采用全球索引系统(worldwide reference system, WRS),WRS是一个二维的坐标系统,两个维度分别是沿卫星飞行轨道方向(path)和垂直卫星飞行的轨道景中心位置(row)。path是卫星轨道号的函数,row是在卫星的轨道上进行等距离划分,使网格大小近似均匀。

第 14 章　卫星影像数据应用

§14.1　测绘应用

遥感测绘卫星影像在测绘中主要用于测绘和修测地形图，制作正射影像图和各种专题图。天绘一号卫星的立体测绘相机采用分辨率为 5 m 的三线阵 CCD 相机，获取的影像数据可用于制作数字正射影像图和数字高程模型。如图 14.1 和图 14.2 所示。其多光谱影像产品分辨率为 10 m，与 2 m 全色影像进行融合，可用于重点地区、重点目标影像图制作，如图 14.3、图 14.4 所示。

图 14.1　美国爱达荷州博伊西市以东地区数字正射影像图

图 14.2 美国爱达荷州博伊西市以东地区数字高程模型

图 14.3 韩国釜山市高分辨率影像

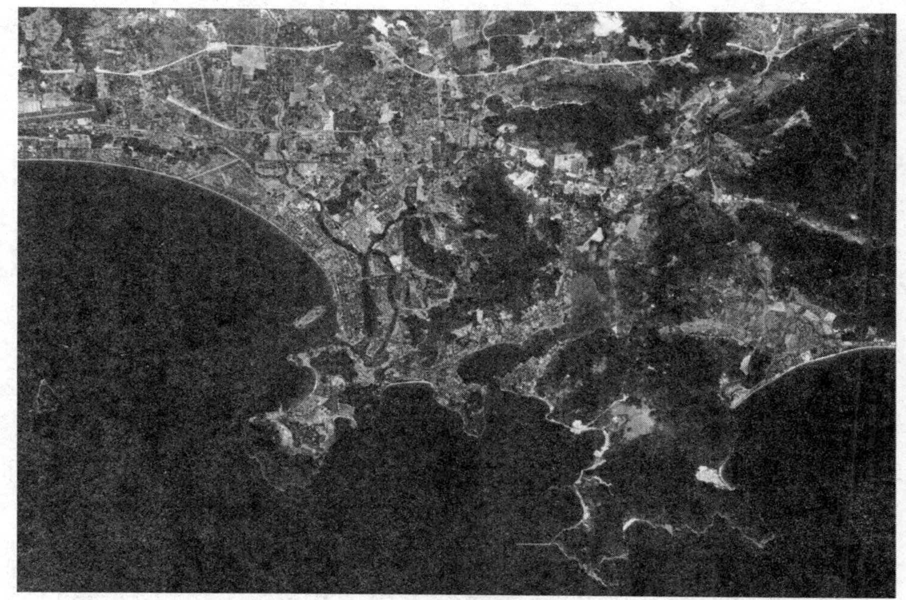

图 14.4　三亚市卫星影像

§14.2　其他领域应用

14.2.1　土地应用

遥感影像的土地应用主要有土地覆盖、土地利用、土地资源评价，以及土地退化遥感动态监测等内容。天绘一号卫星搭载的多光谱相机具备红、绿、蓝、近红外四个波段的数据获取能力，能够对地球表面土壤、植被冠层进行定量反映。经过摄影测量处理的多光谱影像产品，与 2 m 全色影像的融合，在精度和空间分辨率上均有较大提高，可以为土地利用提供准确的大范围基础数据。图 14.5 和图 14.6 为利用天绘一号卫星影像制作的天津河口地区土地利用遥感分类图。

14.2.2　植被应用

植被是卫星影像反映的最直接的信息，是人们研究的重要对象，可通过遥感提供的植被信息及其变化来提取和反演各种植被参数，检测其变化过程与规律，研究它与生态环境其他因子间的相互作用和整体效应等。遥感影像的植被应用主要有植被识别与分类、专题图制作、作物估产和生态系统模型建立等。图 14.7 所示为天绘一号卫星影像制作的贵阳市清镇市百花湖乡林相图。

图 14.5　天津河口地区天绘一号卫星影像图

14.2.3　地质应用

地质调查工作需要同时对大区域范围内的地质特征进行全面的野外调查和研究，追溯地质历史和各种地质动力过程，探讨成矿的条件和规律，为矿产资源勘查与开发、地质灾害调查等提供依据。遥感技术可以在短时间内提供大区域的宏观数据，减轻工作强度，加快地质调查的速度。图 14.8 为采用天绘一号卫星影像制作的新疆东天山黄山地区地质解译图。

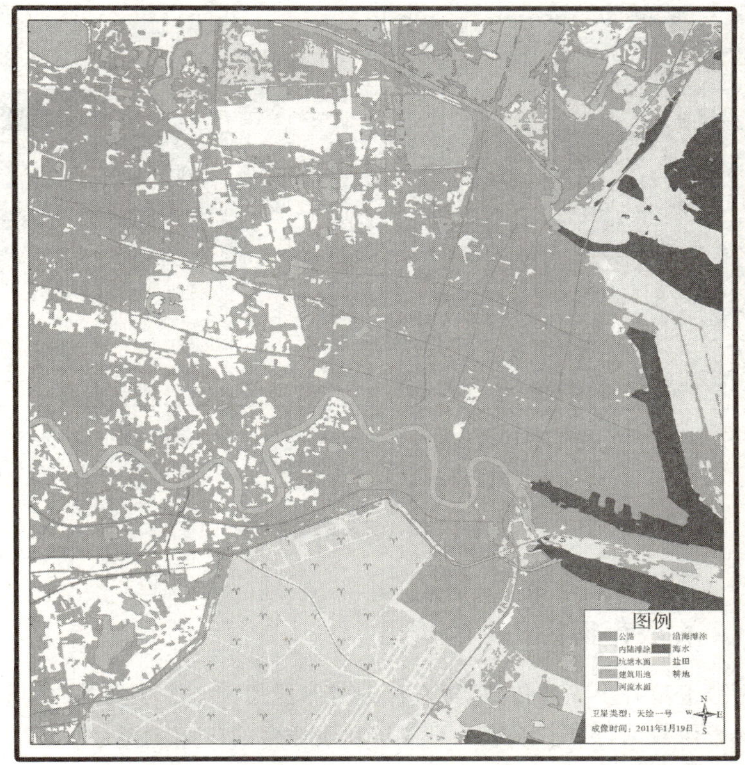

图 14.6　天津河口地区土地利用遥感分类图

图 14.7　贵阳市清镇市百花湖乡林相图

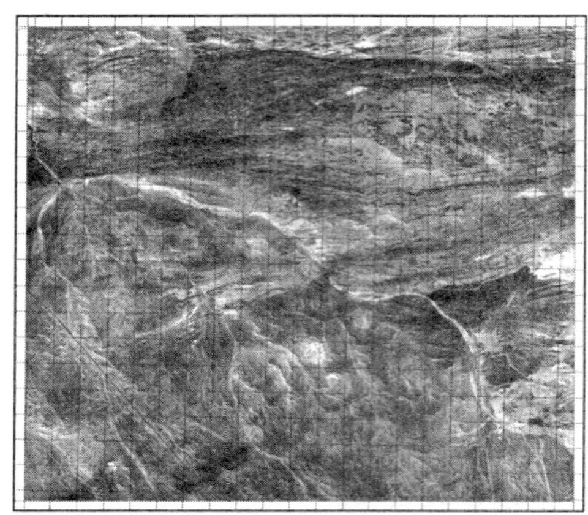

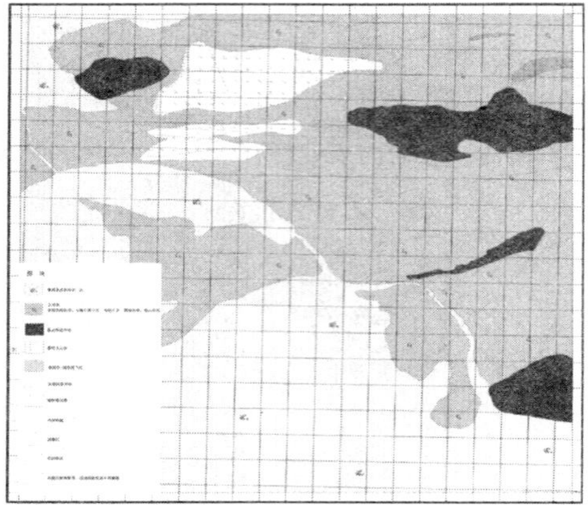

图 14.8　新疆东天山黄山地区地质解译图

§14.3　应用前景

14.3.1　在农作物估产中的应用

天绘一号卫星有多光谱传感器，全色分辨率能达到 2 m，其幅宽 60 km，满足农作物估产的影像数据特点。天绘一号卫星在农业中的应用主要是基于不同作物具有不同的光谱信息和遥感数据具有准确、宏观、动态、经济等特点的双重前提下，依不同作物光谱数据的差异，在卫星影像上可区分出农田及不同的作物类型，并据此判断作物的生长状况，进行长势监测，进而在作物收割前对最终的作物产量进行预测预报，从而为粮食决策部门提供依据，为国家粮食安全提供客观的数据保障。

14.3.2　在林业资源分布评估及分类中的应用

林业资源有辽阔性、再生性和周期性等特点，往往大面积的林业资源所在地区地形复杂，基础设施落后，传统的林业资源调查和估产方式获得的结果存在错报漏报等结果，不能很好地为林业部门决策提供依据。卫星影像在林业估产中体现出了较强的优势，依据卫星影像的光谱特性，通过定量反演模型，进行森林蓄积量估产，改善了林业估产对国外卫星资源过度依赖的情况，提高了森林估产的精度，为林业部门生产规划提供了强有力的技术支持。

14.3.3　在国土利用中的应用

国土资源调查是国家土地资源动态变化、土地执法监察等业务进行的基础，国土资源调查的内容主要是国土资源的类型、分布、利用情况、变化情况等的调查。

在利用卫星数据进行国土资源调查时，可充分利用卫星数据分辨率高、幅宽大、重访周期高等特点，提高了调查效率，为土地执法部门提供了高时效的卫星数据支持。

14.3.4　在地质中的应用

遥感卫星数据在地质领域的应用主要体现在矿产资源的调查、地质环境调查和重大自然灾害调查中。天绘系列遥感卫星数据可用于寻矿、找矿及探明矿产资源分布及储量的业务工作中，由于其动态性强，可用于地质环境调查，进行地质灾害监测和预警，减少生命和财产损失；同时，在灾害发生之后，天绘卫星遥感数据还被广泛用于实时或者准实时的灾情调查、灾情动态监测和灾害损失评估工作中，为进一步救灾工作提供宏观支持。

14.3.5　在旅游资源中的应用

由于遥感数据的宏观性等特点，旅游资源调查也逐渐成为遥感技术应用的热点之一，旅游资源的调查和开发成为当前经济快速增长大背景下的迫切问题之一。遥感卫星数据被广泛用于旅游资源调查及开发中，通过遥感数据不仅可以定性地调查已有的旅游资源，还可以调查未开发利用的旅游资源，还可以定量的调查旅游资源的数量、位置、大小、分布等因素，利于旅游规划部门提前做好规划及相关工作。

参考书目

陈世平. 2003.空间相机设计与试验[M].北京:宇航出版社.

胡莘. 2013.天绘一号立体测绘卫星概观[J].测绘科学与工程, 22(4):1-4.

胡莘,曹喜滨. 2008.三线阵立体测绘卫星的测绘精度分析[J].哈尔滨工业大学学报, 40(5):695-699.

胡莘,王新义,杨俊峰. 2012."天绘一号"卫星地面应用系统设计与实现[J].遥感学报, s0:78-84.

姜景山. 2001.空间科学与应用[M].北京:科学出版社.

刘经国,李杰,郝志航. 2004.三线阵 CCD 相机亚像元几何标定方法研究[J].光电工程,31(1):95-100.

钱曾波,刘静宇,肖国超. 1990.航天摄影测量[M].北京:解放军出版社.

王任享. 2006.三线阵 CCD 影像卫星摄影测量原理[M].北京:测绘出版社.

王任享,胡莘. 2013.天绘一号无地面控制点摄影测量[J].测绘学报, 42(1):1-5.

王任享,胡莘. 2004.无地面控制点卫星摄影测量的技术难点[J].测绘科学, 29(3):3-5.

王任享,胡莘,杨俊峰,等. 2004.卫星摄影测量 LMCCD 相机的建议[J].测绘学报,33(2):116-120.

王之卓.1979.摄影测量原理[M].北京:测绘出版社.

王智,乔克,张立平. 2010.三线阵立体测绘卫星 LMCCD 相机的实现[J]. 光机电信息, 27(11):110-114.

徐福祥. 2003.卫星工程概论[M].北京:宇航出版社.

HU Xin,CAO Xibin. 2006. The comparison for photogrammetric performance of two kinds of space-borne three-line array cameras[J]. Aircraft Engineering and aerospace technology, 78(6):490-494.